U0342060

中国当代
青年
建筑师III

上册

CHINESE
CONTEMPORARY
YOUNG ARCHITECTS III

何建国 主编

天津大学出版社
TIANJIN UNIVERSITY PRESS

图书在版编目（CIP）数据

中国当代青年建筑师.3.上册 /何建国主编. —
天津:天津大学出版社，2015.1
ISBN 978-7-5618-5229-3

Ⅰ．①中···Ⅱ．①何···Ⅲ．①建筑师—生平事迹
—中国—现代②建筑设计—作品集—中国—现代 Ⅳ.
①K826.16②TU206

中国版本图书馆CIP数据核字（2014）第296239号

主　　办　《中国当代青年建筑师》编委会
承　　办　北京中联建文信息咨询中心
媒体支持　中国建筑师联盟网（www.CACD.org.cn）
主　　编　何建国
执行主编　王红杰
统　　筹　何显军
编辑部主任　刘胜
编　　辑　李伟林　张辉　林新　宋扬　高慧　刘琴　李红芸　李兆臣　王松
美术设计　何世领
责任编辑　油俊伟

出版发行　天津大学出版社
出 版 人　杨欢
地　　址　天津市卫津路92号天津大学内（邮编：300072）
电　　话　发行部：022—27403647
网　　址　publish.tju.edu.cn
印　　刷　北京华联印刷有限公司
经　　销　全国各地新华书店
开　　本　285mm×280mm
印　　张　25.33
字　　数　463千
版　　次　2015年1月第1版
印　　次　2015年1月第1次
定　　价　349.00元

（凡购买本书，如有缺失、脱页、请向本社发行部调换）

前言
PREFACE

　　中国当代的青年建筑师是一股不可忽视的力量，他们在建筑界声名鹊起，他们所承接的项目的分量也在日渐加重，他们在中国建筑大发展的时代背景下，有更多的机会施展才华，有理论和实践紧密结合的成长轨迹，必将成为未来建筑设计的中坚力量！

　　他们作为中国建筑史发展的一个片段，展现出了这个层面应有的风貌。面对激烈的市场竞争，在复杂的建筑行业链条中，许多青年建筑师执着追求、蓄势待发，他们也需要更多的肯定和鼓励！

　　今天，关注青年建筑师的发展，不仅是市场需求，更是中国设计崛起的标志！

编者

中国当代青年建筑师 III
CHINESE CONTEMPORARY YOUNG ARCHITECTS III

目录（上册）

中国当代**青年**建筑师Ⅲ
CHINESE CONTEMPORARY YOUNG ARCHITECTS Ⅲ

目录（上册）

中国建筑西北设计研究院有限公司

第拾设计

安军

出生年月：1966年04月
职　　务：中国建筑西北设计研究院有限公司/副总建筑师
　　　　　中国建筑西北设计研究院有限公司/第十设计所所长
　　　　　中国建筑西北设计研究院有限公司/机场设计研究中心主任
　　　　　中国建筑西北设计研究院有限公司/建筑环境装饰设计中心主任
　　　　　中国建筑学会工业建筑分会常务理事
　　　　　中国建筑学会建筑师分会理事
　　　　　陕西省土木建筑学会理事、副秘书长
　　　　　陕西省土木建筑学会建筑师分会秘书长
　　　　　陕西省土木建筑学会青年工作委员会主任委员
　　　　　陕西省文化场馆建筑专业工作委员会秘书长
　　　　　西安市规划委员会专家委员
　　　　　西安市室内装饰协会设计师评审委员会委员
　　　　　西安建筑科技大学硕士研究生导师
职　　称：国家一级注册建筑师/教授级高级建筑师

工作经历
1988年至今中国建筑西北设计研究院有限公司工作

教育背景
1988年毕业于哈尔滨建筑工程学院建筑系/建筑学专业
1991年于清华大学建筑系进修

个人荣誉
2003年获中国建筑总公司十佳青年提名奖
2005年被评为西安十佳青年建筑师
2006年获中国建筑总公司青年科技奖
2009年获陕西省优秀工程勘察设计师荣誉称号
2011年被评为中国建筑总公司四优共产党员

主要设计作品
西安咸阳国际机场T2航站楼　　　　　西安咸阳国际机场T3A航站楼
陕西榆林榆阳机场迁建工程航站楼　　陕西汉中城固军民合用机场航站楼
陕西省电信公司电信网管中心　　　　陕西移动通信全球通大厦及通信枢纽楼项目
陕西省高级人民法院审判综合楼　　　西安市中级人民法院办公和审判法庭
西安浐灞生态开发区行政中心　　　　中国科学院西安光学精密机械研究所科技产业园
陕西宝鸡会展中心　　　　　　　　　西安音乐学院演艺中心、学术交流中心
西安曲江国际会议中心　　　　　　　中国建筑西北设计研究院综合办公楼
深圳市龙岗区建设大厦　　　　　　　陕西省天然气股份有限公司办公楼
西安人民大厦改扩建项目

创作理念
作为土生土长的西安人，有着难解的中国传统文化情结，在迈向现代化、国际化，加快城市化的今天，关注地域建筑的命运，感伤传统文化的流失。建筑凝聚科技且反映不同的文化个性，我们在走向新建筑的同时也会回归根本，唤醒自我，这也是本土建筑师孜孜以求的创作之路。

电话：029-68515700
传真：029-68515705
网址：www.cscecnwi.com
电子邮箱：xbyanjun@163.com

中国建筑西北设计研究院有限公司简介
　　中国建筑西北设计研究院（原名）成立于1952年，是新中国成立初期由国家组建的六个大区甲级建筑设计院之一，是西北地区成立最早、规模最大的甲级建筑设计单位，现隶属于世界500强企业之一的中国建筑工程总公司，现有职工1 023人，其中中国工程院院士1人、中国工程设计大师2人、高级工程（建筑）师394人、工程师315人。全院共有一级注册建筑师97人、二级注册建筑师21人、一级注册结构工程师100人，可承担各类大中型工业与民用建筑设计、城镇居住小区规划设计、建材工厂设计和传统建筑研究、建筑抗震研究以及建筑经济咨询、工程建设可行性研究等业务。

第十设计所简介
　　第十设计所会聚着众多优秀、富有朝气的年轻设计师，秉承西北院优良传统，开拓崭新的创作空间。第十设计所具有丰富的大型公共建筑设计经验，辖有我院"机场设计研究中心"和"建筑环境装饰设计中心"，有四十多项工程获得建设部、省、市级及中建总公司、西北院级别的优秀工程设计奖项。作品涵盖城市综合体、航空港、行政司法、文教观演、通信数据、科研医疗、会展体育、酒店、办公、居住等建筑类型以及规划、景观、室内装饰和工业建筑等领域。
　　创建和谐团队，营造创作氛围，培育高素质、有活力的设计队伍是我们的核心理念。十所将本着顾客至上、服务为先的原则，树精品、求创新、讲服务、立责任，为业主提供优质的服务，为社会创造更多的精品设计。

XI'AN XIANYANG INTERNATIONAL AIRPORT PHASE II EXPANSION PROJECT TERMINAL T3A

西安咸阳国际机场二期扩建工程T3A航站楼

项目业主：西部机场集团公司机场建设指挥部
建设地点：陕西 咸阳
建筑功能：航站楼
用地面积：72 886平方米
建筑面积：236 585平方米
设计时间：2011年
项目状态：建成
设计单位：中国建筑西北设计研究院有限公司第十设计所
主创设计：安军

T3A航站楼设计采用中心综合大厅与多条候机指廊相结合的平面构型，体现整体规划的有机性，反映了整体式航站楼的概念，集中办票，分散候机，提供较短的步行距离。简洁的平面布局及简便的工艺流程，给旅客一个方向清晰、使用方便、流程明了的空间布局形式。

设计注重人性化及室内空间的引导性，注重商业布局的合理性，注重地域文化氛围的塑造，且充分利用新技术、新材料、新工艺，注重节能环保。

建筑造型充满飞跃感和现代气息。外立面采用通透明亮的玻璃幕墙，充分反映航空港建筑的内涵，达到室内外交流的和谐统一，包括钢结构在内的结构技术使以T3A航站楼为中心的机场建筑群展现出鲜明的时代感和标志性。

SHAANXI TELECOM TELECOMMUNICATIONS NETWORK MANAGEMENT CENTER

陕西省电信公司电信网管中心

项目业主：中国电信陕西分公司
建设地点：陕西 西安
建筑功能：通信、办公、展示、科研
用地面积：46 665平方米
建筑面积：81 668平方米
建筑高度：160米
容 积 率：2.35
项目状态：建成
设计单位：中国建筑西北设计研究院有限公司第十设计所
主创设计：安军

　　项目的主楼与裙楼临近城市主干道，构成沿街景观，使得建筑和城市空间自然转折、过渡，使建筑与城市道路、室外广场相融合、相呼应，体现城市设计的理念。
　　建筑造型注重群体的整体感，主次分明、相互依托、风格统一，且变化丰富。建筑主楼外装采用整体石材与玻璃相间的幕墙体系，石材幕墙采用蜂窝石板材，追求典雅的建筑风格与挺拔博大的建筑气度，突出建筑技术的高超，材料的精美，建筑形象的开放性以及建筑与广场空间、城市道路的照应、协调、曲直结合、方圆穿插、高低错落、气象万千。

AN OFFICE BUILDING, SHAANXI

陕西省某办公楼

建设地点：陕西 西安　　建筑功能：办公
用地面积：15 334平方米　　建筑面积：40 000平方米
设计时间：2002年　　项目状态：建成
设计单位：中国建筑西北设计研究院有限公司第十设计所
主创设计：安军

　　建筑造型以"法之巨构"为立意，以"规矩方圆"为母题，以"法制殿堂"为核心，通过主楼超大尺度四方巨门的运用、大实大虚的强烈对比、坚实粗犷的材料质地，反映办公建筑的鲜明特质。建筑风格和色彩装饰等方面与曲江新区的整体文化脉络相呼应。建筑南望终南山，北观大雁塔、曲江池，统一风格、呼应景观，入于境而化于境，这也充分体现了中国传统法理的最高价值——"和谐理念"。

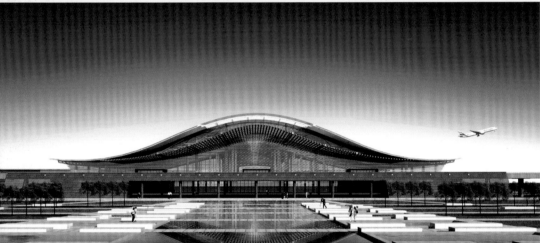

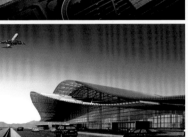

XINING CAOJIABAO AIRPORT TERMINAL 2

西宁曹家堡机场2#航站楼

建设地点：青海 西宁
建筑功能：交通、航站楼
建筑面积：39 300平方米
设计时间：2008年11月
设计单位：中国建筑西北设计研究院有限公司第十设计所
主创设计：安军

山水归源

长江、黄河、澜沧江回头掠过中原千里沃野，掠过江南水乡，穿过云贵高原的十万大山，向西向北，走进了青海，走进了三江源。设计中我们追寻青海的人文历史、风俗人情和自然风貌，尤其是三江源——青海特有的自然景观。

高原隆起

青藏高原是一片海洋由于受地壳的挤压而逐渐隆起的，从而形成了今天最具特色的高原风貌。设计也希望机场是在高原山谷中隆起的又一座山峰。

展翼高飞

航站楼作为一种特殊的交通类型的建筑，有其自身独特的个性。轻盈、通透和飞行感是航站楼特有的内涵，因此，我们把航站楼比喻为在高原翔翔的雄鹰。

回归本原

来到青海，来到三江源，是我们的逐源之旅；同样我们的设计过程也是一次建筑的回归之旅，是一次追逐建筑本原的心灵之旅。

PERFORMING ARTS CENTER & ACADEMIC EXCHANGE CENTER OF XI'AN CONSERVATORY OF MUSIC

西安音乐学院演艺中心、学术交流中心

项目业主：西安音乐学院
建设地点：陕西 西安
建筑功能：教学、演艺、交流
用地面积：14 091平方米
建筑面积：67 969平方米
设计时间：2008年10月
项目状态：建成
设计单位：中国建筑西北设计研究院有限公司第十设计所
主创设计：安军

设计将庞大的建筑体量化零为整、化直为曲、化实为虚，减少大尺度的公共建筑对城市空间的挤压。设计采用错落布局、高低搭配，形成起伏跌宕、波澜壮阔的景象，犹如秦岭逶迤，延绵不绝，使演艺中心与学术交流中心不但具有文化的气质，更拥有自然山水的情怀。

建筑轮廓线的起伏重叠、舒缓连绵，建筑外立面虚幻的光影，陈列的构件，体现音乐的节奏感和韵律感，宽大的玻璃墙面犹如音乐厅徐徐拉开的帷幕，向城市展示其最精彩的一幕。这是音乐的魔力对建筑艺术的完美诠释。

OFFICE BUILDING OF SHAANXI NATURAL GAS CO., LTD.

陕西省天然气股份有限公司办公楼

项目业主：陕西省天然气股份有限公司
建设地点：陕西 西安
建筑功能：办公
用地面积：20 475平方米
建筑面积：23 253平方米
设计时间：2008年08月
项目状态：建成
设计单位：中国建筑西北设计研究院有限公司第十设计所
主创设计：安军

　　项目主要功能为办公及调度指挥中心用房，平面功能呈一字形布局，北二环一侧设有主门厅、休息、展览及接待用房。整体造型力求体现办公建筑简洁、大方、精致的特点，具有"城市风帆"的寓意，体现标志性，并与城市空间产生互动。主入口门厅采用波浪式造型，屋面采用金属屋面，增强了风帆的效果，并与主楼保持协调统一。

　　建筑技术上，靠近北二环一侧采用可呼吸式玻璃幕墙，起到隔音、保温的效果。其余立面采用灰色陶土板幕墙，具有保温、自洁的功能。东立面、西立面以及北立面采用条形开窗，减少开窗面积，降低建筑物的能耗，在确保建筑物的外观效果的同时，也起到隔声和保温节能的作用。

RECONSTRUCTION AND EXPANSION PROJECT FOR HANZHONG CHENGGU AIRPORT CIVIL AND MILITARY TERMINAL

汉中城固机场军民合用航站楼改扩建工程

项目业主：西部机场集团公司机场建设指挥部汉中分部　　建设地点：陕西 汉中
建筑功能：交通、航站楼　　建筑面积：5 592平方米
设计时间：2014年04月　　项目状态：建成
设计单位：中国建筑西北设计研究院有限公司第十设计所
主创设计：安军

　　汉中城固机场位于汉中市以东城固县境内，与汉中市区的公路距离约为19.5千米，本次航站楼设计建筑面积约5 000平方米，近期目标是到2020年实现年旅客吞吐量30万人次，高峰小时旅客吞吐量385人次。

　　航站楼造型设计结合建筑功能布局，形态变化丰富，同时充分考虑了当地的地域文化特征，并以现代建筑的语言加以阐释。两侧的基座造型处理借鉴了汉代高台建筑以及古汉台、拜将坛等古迹的一些特征。大尺度的钢结构弧形屋面有一种会聚天地、包容宇宙之势，含蓄地表达了汉中"中华聚宝盆"的内涵。建筑造型通过弧形钢结构屋面与两侧抽象高台建筑处理手法的有机结合，体现了传统与现代、继承与发展的设计理念。

XI'AN DAMING PALACE HOTEL

西安大明宫国际酒店

项目业主：大明宫实业集团
建设地点：陕西 西安
建筑功能：酒店、商业、办公
用地面积：25 700平方米
建筑面积：150 000平方米
设计时间：2008年08月
设计单位：中国建筑西北设计研究院有限公司第十设计所
主创设计：安军

　　本案秉承中国古典建筑的规划设计，中轴对称、主从相依、左右相辅；建筑布局合理，拥有良好的景观视野，与用地地形结合紧密，体现了中国古代高台建筑的设计理念。

ARCHITECTS

蔡捷

职务： 集团总建筑师
执行副总裁
蔡捷工作室/首席建筑师
华中科技大学/客座教授
同济大学总裁班/特邀讲师

职称： 国家一级注册建筑师

教育背景
1983年09月—1987年07月　华中科技大学/建筑系/建筑学/学士
1987年09月—1990年07月　华中科技大学/建筑系/建筑学/硕士

工作经历
1990年—1996年　中国海南南方建筑设计院/建筑师
1996年—1998年　中国海南南方建筑设计院/院长
1998年—2003年　加拿大Adamson Associates事务所/设计师/建筑师
2003年—2006年　加拿大Zeidler Partnership建筑师事务所/高级注册建筑师
2006年—2010年　阿特金斯中国/设计总监/董事
2010年至今　　　上海陆道工程设计管理股份有限公司/总建筑师/执行副总裁

个人荣誉
1997年中国青年建筑师奖
酒店作品获2012年中国十佳旅游度假酒店奖
2012年中国建筑师年度贡献奖
工作室作品获数项2013年中国建筑师协会颁发的人居设计大奖

主要设计作品

上海滴水湖皇冠假日酒店	太原机场新航站楼
天津泰达MSD现代服务产业区综合体	世茂大连嘉年华
南宁北部湾银行大厦	上海松江世茂天马山深坑洲际酒店
西安"沪灞半岛"项目酒店三期	海南文昌月亮湾酒店
云南石林旅游文化旅游区	海南太阳湾五星级酒店
江苏沙钢集团张地2006-A41号地铁	长沙市世茂大河先导区D-8-2地块
北京总部基地	海口市图书馆新馆
多伦多泛美保险公司综合楼	密西沙加加拿大皇家银行中心
渥太华科威特驻加大使馆	尼亚加拉新赌城
人工海岛卡塔尔明珠海湾高级居住区	多伦多 Yonge 街高级公寓
以色列 Rassuta 医疗中心	多伦多总医院研究楼
新安大略 Durham 学院教研中心	

　　蔡捷先生是加拿大安大略注册建筑师，是中国首批国家一级注册建筑师，拥有逾20年的国内外设计经历，熟悉国际先进理念，了解中国国情及文化。
　　蔡捷先生有超强的设计创作能力，兼有犀利的审美眼光和与时俱进的设计理念，追求完美，注重设计的时代性以及技术与审美的平衡。回国后先后主持设计了许多大型公共建筑，包括上海滴水湖皇冠假日酒店、世茂佘山深坑酒店、太原机场及天津泰达现代产业服务区等标志性建筑。
　　建筑师不仅要做好设计，更要与业主进行"高端对话"并且引领设计。蔡捷先生在知名企业担任多年设计总监的实践中，积累了大量的跨越商业地产，旅游地产的项目操作经验。另外在加拿大最大的也是世界技术领先的建筑事务所的工作过程中，有机会得到最专业的全面实践以及和建筑大师共事的机会。蔡捷先生坚信一个优秀的建筑师也必须有全程设计功底，长期致力于带领团队用国际标准进行项目管理及设计操作。

蔡捷工作室简介
　　"将建筑进行到底"是蔡捷工作室的座右铭。蔡捷工作室（J Studio）为DAO旗下的精英设计团队，由一批有追求、有实力、有才华的建筑师组成，主要成员曾服务于国内外知名设计机构。
　　工作室在蔡捷的带领下，在旅游地产和商业地产等领域展开技术研发和设计创新，取得了令人瞩目的成绩。和知名开发商的长期战略合作使工作室在技术上和服务上一直站在行业的前沿。本着打造设计精品的理念，蔡捷工作室承接众多大型商业、办公、酒店设计项目，融创新理念、精细设计和服务精神于一体，获得了业界的广泛认可。

DAO陆道设计简介
　　DAO陆道设计（上海陆道工程设计管理股份有限公司）是以规划及建筑设计为龙头的国际设计管理咨询公司，为客户提供专业化、系统化全程解决方案。公司拥有中国建筑工程设计综合甲级资质、城市规划乙级资质、市政公用工程乙级资质，在郑州、成都、武汉、重庆、合肥设有分公司，项目遍及全国30个省区市。
　　DAO陆道设计旗下全资或控股的公司包括美国斯道沃建筑规划（上海）有限公司、上海低碳城市设计研究院、上海陆道·商旅文投资管理有限公司、上海陆道·竹景景观设计有限公司等。
　　DAO陆道设计基于对国际经验与国内市场的深刻理解，不断创新、完善、拓展传统的工程设计领域服务与技术，设计业务包括规划、建筑、市政、景观、室内；管理业务包括前期策划、工程咨询、建设管理、招商运营等。

地址： 上海市普陀区岚皋路567号品尊国际中心B座3~5楼
电话： 021-62111177
传真： 021-52388896
网址： www.daochina.com.cn
邮箱： Lily.Zhang@daochina.com.cn

NANNING BEIBU GULF BANK BUILDING

南宁北部湾银行大厦

项目业主：广西北部湾银行股份有限公司
建设地点：广西 南宁
建筑功能：办公、会议、商业、酒店、观光
用地面积：15 365平方米
建筑面积：304 500平方米
设计时间：2012年
项目状态：方案设计
设计单位：DAO陆道设计/蔡捷工作室
主创设计：蔡捷

　　天行健，君子以自强不息。
　　大楼的设计运用古代巴比伦的"通天塔"理念，寓意奋发向上，与北部湾银行新兴的开拓型银行不断发展壮大，勇攀金融高峰的愿景相一致。
　　大厦集顶级办公、五星级酒店、空中豪华会所、观光大厅、裙房商业中心于一体。设计中引入了"垂直社区"的理念，并结合造型创造性地设计了世界首例位于摩天大楼中的观光火车，围绕大楼旋转降落，可谓城市一景。

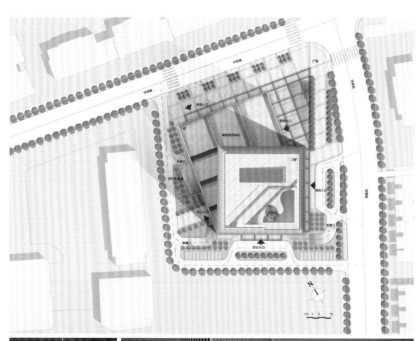

SHANGHAI DISHUI LAKE CROWNE PLAZA HOTEL

上海滴水湖皇冠假日酒店

项目业主：上海港城开发（集团）有限公司　建设地点：上海
建筑功能：五星级酒店　用地面积：130 000平方米
建筑面积：69 000平方米　设计时间：2007年—2010年
项目状态：建成　设计单位：阿特金斯
主创设计：蔡捷　设计团队：沈玉峰、谢诚
获奖情况：2012年中国十佳旅游度假酒店
　　　　　2012年新开最佳建筑设计酒店
　　　　　2012年《城市旅游》最佳酒店——最佳休闲酒店

　　该项目是上海唯一的岛屿酒店，这个如花朵一样盛开的设计在高手林立的国际竞标中脱颖而出。滴水湖皇冠假日酒店位于浦东机场的下降航道正下方，从空中往下看，它像是一朵盛开于水面上的莲花，"莲花酒店"的昵称由此而来。酒店设计具有独创性，"花瓣式"独创的平面布局形式集中且舒展，巧妙地化解了集中与分散之间的矛盾。酒店的外形唯美优雅，从几何的角度看，五片"花瓣"形态统一，围绕"花心"优雅而且严谨地旋转，达到几近完美的布局。同时，酒店具有舒展的流线型曲线，动态且飘逸。暴露的深灰色钢结构和金属屋面，配以暖色的陶板和木条，给人清新的视觉感受。

　　酒店拥有330间时尚清新的客房，其中90%以上为湖景房。

HAINAN WENCHANG MOON BAY HOT EL

海南文昌月亮湾酒店

项目业主：世茂房地产控股有限公司
建设地点：海南 文昌
建筑功能：酒店
用地面积：720 000平方米
建筑面积：35 000平方米
客房数量：258间
设计时间：2011年—2013年
项目状态：方案
设计单位：DAO陆道设计/蔡捷工作室
主创设计：蔡捷
参与设计：龙黎霞

月亮湾酒店的设计灵感来源于两处：一则是当地月亮湾之地名，二则是诗人张九龄所写的《望月怀远》。建筑师充分利用了项目地块的优势，将月亮的形状优美地展现于湾中，完美地表达了《望月怀远》一诗中"海上生明月，天涯共此时"的浪漫情景。"月光下的浪漫"将作为酒店占领市场的主题，通过建筑形态，将海滩、热带风情岛、休闲、度假等设施有机结合，攻占消费者市场。为了突出浪漫的主题，设计师针对各个不同的节日庆典对灯光进行了特殊设计。

值得一提的是，在方案设计阶段，项目组启用Revit软件对方案进行探讨，测算了挖方、填方面积，并利用软件找出了其中差距所在，为业主提供了合理的酒店客房数及客房布局参考，并提前解决了项目诸多争议之处。在此项目设计中使用Revit，不仅使方案设计与AutoCAD实现了无缝链接，也为扩初及施工图阶段的过渡做好了充分的准备，最重要的是，它为客户节省了时间，避免了许多后顾之忧。

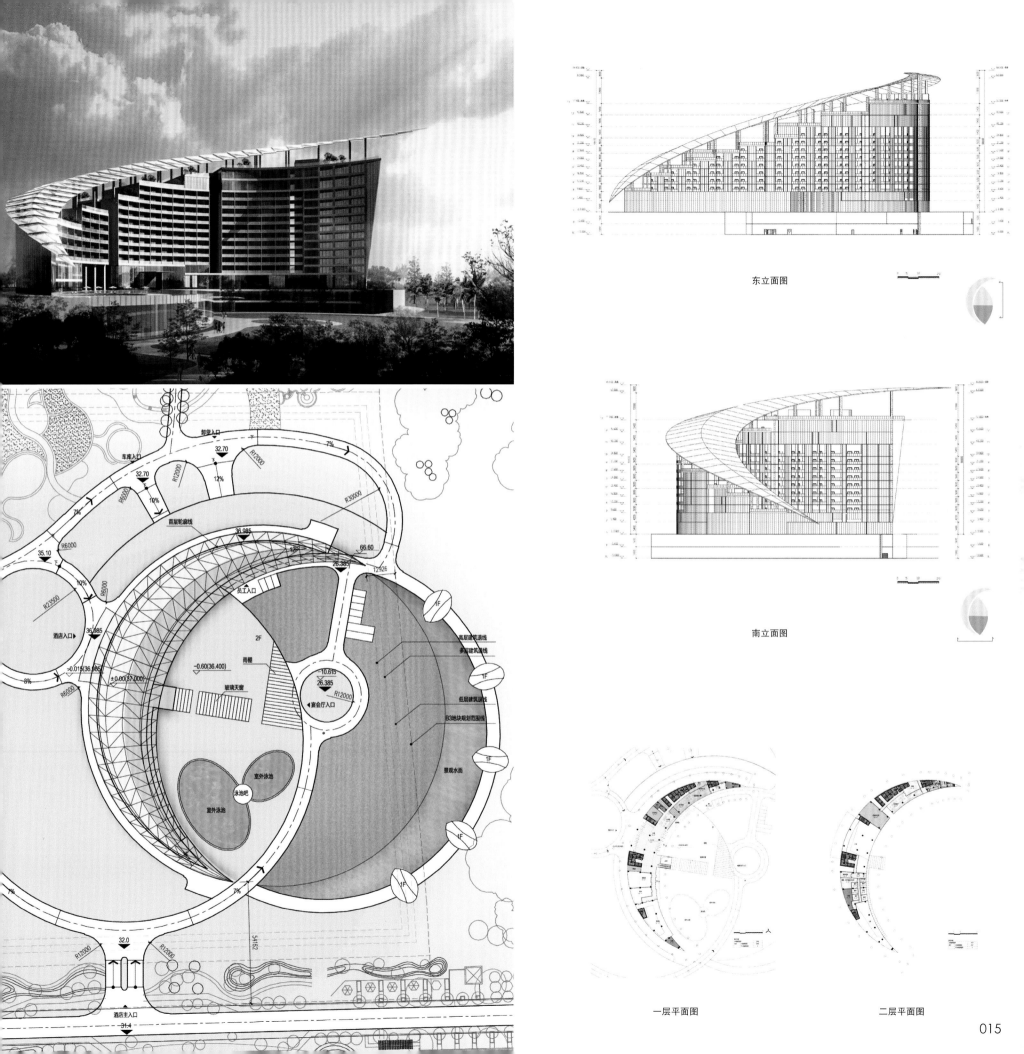

东立面图

南立面图

一层平面图　　　　　　　二层平面图

DALIAN · SHIMAO CARNIVAL

大连·世茂嘉年华

项目业主：世茂房地产控股有限公司

建设地点：辽宁 大连

建筑功能：大型综合商场、酒店、海洋主题公园

用地面积：290 000平方米

建筑面积：500 000平方米

设计时间：2012年

项目状态：初步设计

设计单位：DAO陆道设计/蔡捷工作室

主创设计：蔡捷

参与设计：林彦、路德平

大连·世茂嘉年华项目是世茂集团目前在内地投资的最大项目之一，也是目前国内规模最大的高端综合旅游项目。项目位于大连金州海滨，总建筑面积约50万平方米。设计内容主要包括室内主题公园、核心旅游商业购物城及两座五星级酒店。项目建成后将成为大连乃至全国一个新的地标性的高端旅游项目。

1. 单体平面布局

大型综合商场按功能被分成商业街、百货、超市、餐饮、休闲、娱乐等若干主题，满足家庭聚会、游玩及饮食等多种体验。由一座极具吸引力的多元化大型室内主题游乐园，即纳米乐园及贯穿其间的商业街组成。

2. 单体立面设计

立面设计概念为由垂直的建筑元素编织出的横向波浪形的视觉效果，建筑采用时尚且略显夸张的曲面造型，强调商业的现代感和体验感。

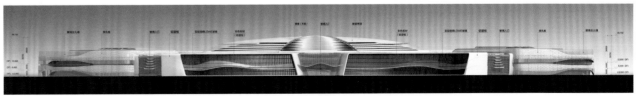

南立面图

北立面图

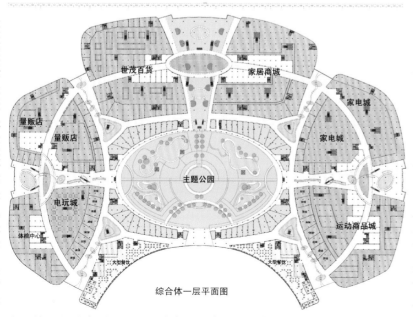

综合体一层平面图

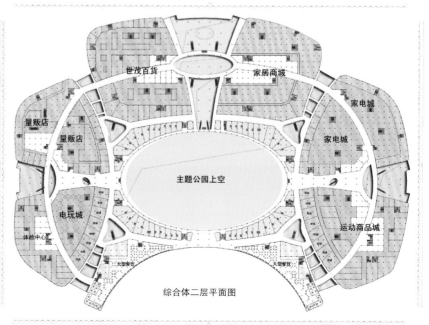

综合体二层平面图

上海秉仁建筑师事务所
DDB INTERNATIONAL LTD SHANGHAI

蔡沪军

出生年月：1975年05月
职　　务：副总经理/主任建筑师
职　　称：国家一级注册建筑师

教育背景
1991年—1995年　厦门大学/建筑学/学士
2001年—2004年　厦门大学/建筑学/硕士

工作经历
1995年—2001年　厦门大学建筑设计研究院
2004年—2005年　上海威尔考特建筑事务所
2005年至今　　　上海秉仁建筑师事务所

主要设计作品
南京天正桃源
厦门大学芙蓉餐厅
厦门大学医学院楼
厦门市司法局大楼
南京天正湖滨花园
西安曲江国际大厦
西安临潼温泉奥特莱斯
黄山雨润涵月楼度假酒店
九华山雨润涵月楼度假酒店
千岛湖润和建国度假酒店及度假村
郑州商业综合体——金色港湾三期C（S-01）

获奖作品
厦门大学芙蓉餐厅	荣获：福建省优秀勘察设计三等奖
厦门市司法局大楼	荣获：福建省优秀勘察设计三等奖
黄山雨润涵月楼度假酒店	荣获：2013年全国人居经典方案竞赛规划、环境双金奖
	2012年—2013年中国饭店金马奖　亚洲十佳旅游度假酒店
九华山雨润涵月楼度假酒店	荣获：2011年第四届上海市建筑学会建筑创作奖、公共建筑佳作奖
	2013年全国人居经典方案竞赛规划、环境双金奖
千岛湖润和建国度假酒店	荣获：2013年第五届上海市建筑学会建筑创作奖、公共建筑佳作奖
	2013年《新楼盘》杂志社中国"美居奖"组委会评选的中国最美酒店
	2013年浙江省钱江杯勘察设计奖二等奖
	2013年全国优秀工程勘察设计类建筑工程公建类二等奖

地址：上海市大连路950号海上海8号楼1309室
电话：021-33773007
传真：021-37730007转801
网址：www.ddb.net.cn
电子邮箱：pubic@ddb.net.cn

上海秉仁建筑师事务所（DDB）成立于1998年，具有建设部颁发的建筑设计甲级资质。设计主持人项秉仁先生为中国著名建筑家、美国注册建筑师、中国国家一级注册建筑师、同济大学教授及博士生导师。

创始至今，项秉仁先生带领的团队始终保持精英建筑师设计团队模式，并一贯坚持"专业能力与跨类型设计、创新思维与合理性设计、团队协作与全过程设计"三大核心设计理念。

经过15年的行业深耕经验，公司在"以文化为导向的综合商业开发、绿色办公与产业园、以地域特色度假酒店为核心的旅游地产开发、高端别墅与住宅区"领域积累了丰富的项目经验和高端客户群，荣获国家级、省市级奖项40多个。

YURUN HANYUE RESORT, JIUHUASHAN

九华山雨润涵月楼度假酒店

项目业主：池州地华旅游发展有限公司　　建设地点：安徽 九华山
建筑功能：旅游度假酒店　　　　　　　　用地面积：207 610平方米
建筑面积：96 309平方米　　　　　　　　容 积 率：0.399
绿 化 率：48.0%　　　　　　　　　　　设计时间：2009年12月
项目状态：建成　　　　　　　　　　　　设计单位：上海秉仁建筑师事务所
合作单位：南京市凯盛建筑设计研究院有限责任公司　设计指导：项秉仁
主创设计：蔡沪军　　　　　　　　　　　参与设计：李晓峰
获奖情况：2011年第四届上海市建筑学会建筑创作奖、公共建筑佳作奖
　　　　　2013年全国人居经典方案竞赛规划、环境双金奖

　　九华山雨润涵月楼度假酒店集度假、餐饮、娱乐、休闲、养生、购物及住宿为一体，秉承皖南地区徽文化历史的文脉，同时依托丰富的九华山自然景观和深厚的佛教文化资源，是一个拥有自然山水景观以及休闲、度假、旅游等高生活品位的优质度假场所。酒店汲取徽州民居典型的造型元素，塑造原汁原味的徽州院落式度假酒店，包含39套庭院式客房单元，480间酒店式度假公寓和206套庭院式度假公寓，属一级旅馆建筑。

1 酒店入口
2 水口景观
3 停车场
4 接待中心
5 后勤服务
6 娱乐中心
7 网球场地
8 餐饮、会中心
9 中心水景
10 度假公寓
11 公寓入口
12 庭院式酒店客房
13 集中绿化景观
14 庭院式度假公寓
15 度假公寓区入口
16 九华雅苑一期
17 金九华国际大酒店
现员工宿舍用地
18 地下车库
19 度假公寓2#楼
20 度假公寓3#楼

总平面图

功能布局：中心服务区功能空间围合中心景观水景地布置，在入口处布置有徽派景观特色的水口景观，利用水口景观园林有效地组织入口处的车流、人流，同时在接待中心的序列前围合成舒朗的入口广场空间。接待中心由两重院落组成，前一进院落为接待空间，第二进院落为客人休息与办理业务所用，对称高大的入厅内院，徽派民居的建筑装饰风格，透过出酒店的品味与尊贵，休闲中心与餐饮中心位于景观水池的两侧，依水而建，内部空间依廊切能，大小庭院相连，各具特点。

流线设计：结合酒店的管理模式，步行空间层次丰富，廊道、庭院，将各功能空间有机性联系。庭院之间，景观层层叠叠开，庭院相通，廊道相连，依景、依势、依倚布置，沿着廊道，由接待中心西侧移动，依次为宴会厅、会议中心和餐饮，东侧由布置SPA休闲中心和健身娱乐中心。

空间界面：各功能主体以其独特的空间组织形态，组合成具有徽式园林特征的独特的酒店空间形态。院落空间与广场空间的开合，视觉空间焦点的布置，内界面的对称性，结合水池界面轮廓的道路流线，构成中轴线的景观特质。

中心服务区形态结构

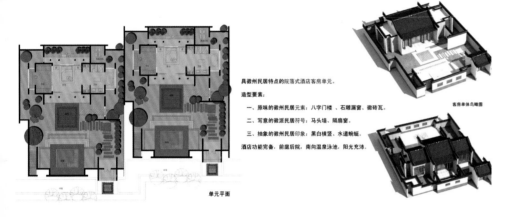

具徽州民居特点的院落式酒店客房单元。
造型要素：
一、原味的徽州民居元素：八字门楼、石雕漏窗、徽砖瓦。
二、写意的徽源民居符号：马头墙、隔扇窗。
三、抽象的徽州民居印象：黑白横竖、水道轮廓。
酒店功能完备、前庭后院、南向温泉泳池、阳光充沛。

单元平面

客房单体鸟瞰图
客房单体鸟瞰图

村舍　门环　木隔扇　门楼　柱面　月洞门　盆景　庭院

单体意向

酒店式度假公寓形态及单元结构

马头墙——黑檐山墙
青石花漏窗——斜纹格玻璃面
徽式木隔扇窗——阳台回避的可移动木隔扇

阳台空间与徽式木隔扇窗窗的结合，构成了建筑外表皮的木隔栅在阳光下的丰富表情。
与抽象的马头墙，花漏窗形成简约，现代，蕴含徽源意韵的公寓建筑。

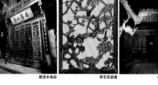

标准间户型(4.8m开间)　　套间户型(7.2m开间)

公寓形态概念

餐饮会议区首层平面图

餐饮会议①~㉟轴立面图

餐饮会议⑪~Ⓐ轴立面图

项目集度假、餐饮、娱乐、休闲、养生、住宿为一体，秉承黄山地区徽文化文脉，依托丰富的自然资源，建成一个拥有自然山水景观的高质素的度假场所。项目包含99套具徽州民居特点的院落式酒店客房单元，属一级旅馆建筑。酒店客房功能完备，前庭后院，南向温泉泳池，阳光充沛。
建筑造型空间要素如下。
（1）原味的徽州民居元素：八字门楼、石雕漏窗、徽砖瓦。
（2）写意的徽派民居符号：马头墙、隔扇窗。
（3）抽象的徽州民居印象：黑白横竖、水道蜿蜒。

YURUN HAN YUE RESORT, HUANGSHAN

黄山雨润涵月楼度假酒店

项目业主：黄山松柏高尔夫乡村俱乐部有限公司　　建设地点：安徽 黄山
建筑功能：酒店建筑　　　　　　　　　　　　　　用地面积：167 424平方米
建筑面积：33 820平方米　　　　　　　　　　　　容 积 率：0.141
绿 化 率：56.11%　　　　　　　　　　　　　　　设计时间：2007年
项目状态：建成　　　　　　　　　　　　　　　　设计单位：上海秉仁建筑师事务所
主创设计：蔡沪军　　　　　　　　　　　　　　　景观设计：贝尔高林国际(香港)有限公司
获奖情况：2013年全国人居经典方案竞赛规划、环境双金奖
　　　　　　2012年—2013年中国饭店金马奖　亚洲十佳旅游度假酒店

建筑摄影：曹呈祥

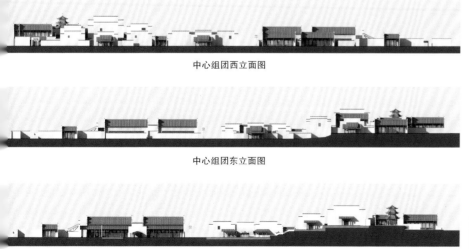

中心组团西立面图

中心组团东立面图

中心组团东剖面图

RUNHE JIANGUO RESORT, QIANDAO LAKE

千岛湖润和建国度假酒店

项目业主：浙江淳安千岛实业投资有限公司　建设地点：浙江 淳安
建筑功能：旅游度假酒店　　　　　　　　　　用地面积：80 000平方米
建筑面积：45 000平方米　　　　　　　　　　容 积 率：0.56
绿 化 率：63.2%　　　　　　　　　　　　　设计时间：2007年
项目状态：建成　　　　　　　　　　　　　　设计单位：上海秉仁建筑师事务所
主创设计：蔡沪军　　　　　　　　　　　　　景观设计：杭州明锐景观设计有限公司
室内设计：深圳正锐建筑工程有限公司

项目位于千岛湖中一东西向的半岛——梦姑岛，该岛呈东西狭长走向，地形起伏较大，山坡陡峻，大部分坡度达45°以上。由于度假酒店的功能庞大复杂，而整个基地又较为狭长，因此选择利用基地东侧相对平坦、进深较大的地块来布局酒店。后勤用房排布在入口处相对隐蔽的地方，避免了工作人员和酒店住客的流线干扰。

建筑师充分考虑了如何减少对千岛湖自然景观的破坏这一问题，尽量削减建筑的体量，以使建筑更好地和山地融合。建筑体形上采用坡屋顶跌落的方式以顺应山体的走势，与山地更好地结合，以新古典主义的建筑造型手法为主，结合一些当地建筑的特色，创造了一个独具特色的生长于环境之中的度假酒店建筑形式。

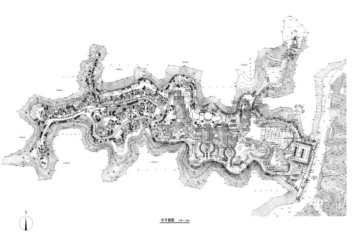

总平面图

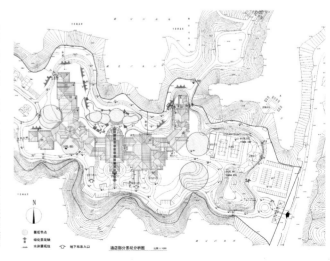

酒店部分交通分析图

酒店部分景观分析图

平面图

立面图

陈志青

出生年月：1967年10月
职　　务：第六建筑设计所所长
职　　称：教授级高级工程师/国家一级注册建筑师

教育背景
1986年—1990年　湖南大学/建筑系/学士

工作经历
1990年—1994年　原机电部第二设计研究院
1994年至今　　　浙江省建筑设计研究院

个人荣誉
2013年　获中国建筑学会"青年建筑师"奖

主要设计作品
北京正阳大厦	台州市中心医院
东阳市人民医院	杭州市儿童医院
台州恩泽医疗中心	杭州天辰国际广场
杭州地铁滨康综合体	台州市第一人民医院
永康市第一人民医院	浙江大学医学研究中心
杭州国际金融会展中心	浙江省中医院下沙院区
苏州新区创业园创业大厦	
运河文化广场、运河博物馆	
温州乐清市中心区总部经济园	
浙江大学医学院附属义乌医院	
温州医学院附属第二医院瑶溪院区	
浙江大学医学院附属第一医院余杭院区	

金坤

出生年月：1972年07月
职　　务：主任建筑师
职　　称：教授级高级建筑师/国家一级注册建筑师

教育背景
1989年—1994年　浙江大学/建筑系/学士
2010年—2014年　浙江大学/建筑系/博士

工作经历
1994年至今　　　浙江省建筑设计研究院

个人荣誉
2006年　获入选《中国青年建筑师188》
2008年　获第七届中国建筑学会"青年建筑师奖"
2011年　获世界华人建筑师协会设计奖

主要设计作品
台州体育中心	临海体育中心
椒江文体中心	台州市中心医院
中国婺剧院	海盐大剧院
常山人民医院	义乌梅湖体育馆
三门金鳞体育中心	杭州西湖国贸中心
浙江省残疾人体训中心	浙江稠州商业银行大楼
嘉兴市残疾人奥林匹克中心	

魏强

出生年月：1974年02月
职　　务：主任建筑师
职　　称：教授级高级建筑师/国家一级注册建筑师

教育背景
1991年—1995年　青岛建筑工程学院现青岛理工大学/建筑系/学士
1995年—1998年　西安建筑科技大学/建筑系/硕士

工作经历
1998年05月至今　浙江省建筑设计研究院

个人荣誉
2008年　获浙江省援建四川广元过渡安置房先进个人
2010年　获第八届中国建筑学会"青年建筑师奖"

主要设计作品
西湖文化广场	四川青川中学
浙江海宁体育馆	湖州市规划大楼
湖州市双子大厦	浙江舟山市体育馆
杭州银泰海威国际	浙江水利水电学校
杭州市总工会办公楼	中国工商银行湖州市分行
杭州黄龙饭店改扩建工程	浙江省科研机构创新基地
杭州未来科技城欧美金融城	
杭州市地铁建华站城市综合体	
湖州市南太湖奥林匹克湿地公园	
宁波市出入境检验检疫局办公实验综合楼	

地址：浙江省杭州市安吉路18号
电话：0571–85154691
传真：0571–85151540
网址：www.ziad.cn
电子邮箱：ziad@ziad.cn

浙江省建筑设计研究院（ZIAD）创建于1952年，现有各类专业技术人员500余名，其中国家工程设计大师2名，一级注册建筑师73名，一级注册结构工程师70名，其他各类注册人员90余名；教授级高级建筑师和教授级高级工程师40名，高级建筑师和高级工程师111名，建筑师和工程师160余名。

设计院下设第一、第二、第三、第五、第六、第七、第八建筑设计所，工程咨询设计事务所和建筑与城市设计研究所等九个综合建筑设计所以及结构与岩土工程研究室，建筑经济室，建筑智能化设计研究所，市政分院，景观分院等八个职能管理部门。

五十多年来，设计院承担国内外工程设计及咨询项目1万余项，有300余项分别获国家、部、省级优秀设计奖，100余项科研成果分别获国家、部、省级科技成果奖、科技进步奖。

CANAL CULTURAL SQUARE, CANAL MUSEUM

运河文化广场、运河博物馆

项目业主：运河文化广场及运河博物馆工程建设指挥部
建设地点：浙江 杭州
建筑功能：博物馆、地下商业建筑
用地面积：52 100平方米
建筑面积：47 800平方米
设计时间：2002年
项目状态：建成
设计单位：浙江省建筑设计研究院
主创设计：陈志青、吴浩
参与设计：冯永伟、王燕鸣、汪新宇

　　项目的平面布局以孕婴历史文化为载体，以拱宸桥的东西轴线构成传统运河文化广场主轴线，以拱墅区政府大楼和运河博物馆构成的南北轴线为行政广场轴线。两轴线相交处形成广场的核心。广场与运河交接处为运河景观带。由于拱宸桥自身是运河博物馆最重要的室外现存文物，运河广场是运河博物馆的室外展场，所以运河广场的东西轴线以烘托突出拱宸桥为目的，从东到西布置了一系列的水景，使人们联想到运河。水景、牌坊、桥头、桥、运河构成了运河广场的主景。

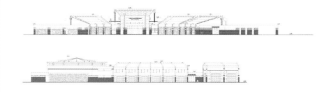

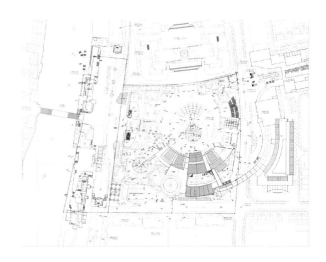

TAIZHOU CENTRAL HOSPITAL

台州市中心医院

项目业主：台州市中心医院
建筑功能：医院建筑
建筑面积：113 000平方米
项目状态：建成
主创设计：陈志青、姚之瑜

建设地点：浙江 台州
用地面积：108 800平方米
设计时间：2010年
设计单位：浙江省建筑设计研究院
参与设计：林可瑶、王燕鸣、何江、崔大梁

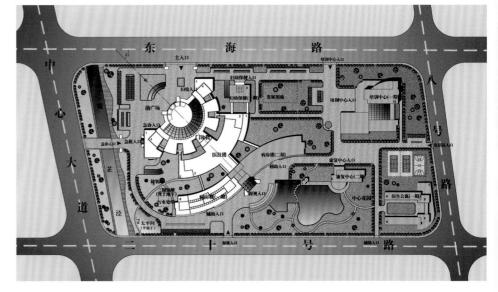

　　医疗中心大楼布局采用45度医疗街连接门诊楼、医技楼、病房楼，形成有众多半敞开式点状庭院相嵌的蝶形花园式群体。门诊楼为四层半圆形体，中部为通顶的弧形网架玻璃中庭大厅，每个齿轮形候诊单元均朝向中庭大厅，使"线形"候诊转变为"点式"候诊。医技楼为三层弧形，病房楼为八层正反弧形，均采用复廊布置。建筑风格通过追求一种水平伸展的、贴近大自然环境的、错落有致的群体和充满雕塑感的大量细部处理，创造一种现代的、高雅的并具有医疗特征的花园式医院。

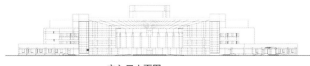

主入口立面图

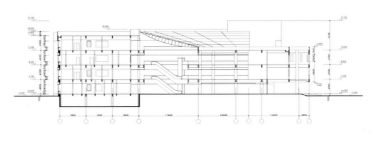

剖面图

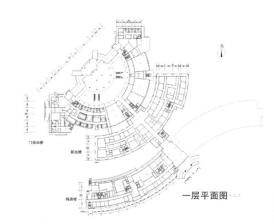

一层平面图

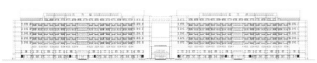

病房立面图

TAIZHOU SPORTS CENTER STADIUM

台州体育中心主体育场

项目业主：台州市体育中心建设指挥部　　建设地点：浙江 台州
建筑功能：体育建筑　　　　　　　　　　用地面积：162 000平方米
建筑面积：94 052平方米　　　　　　　　座位数量：54 000个
设计时间：1999年11月—2004年04月　　项目状态：建成
设计单位：浙江省建筑设计研究院　　　　主创设计：金坤
参与设计：舒捷华、周永明
获奖情况：2008年全国优秀工程勘察设计行业二等奖
　　　　　2006年中国建筑学会第四届全国优秀结构设计奖
　　　　　2004年浙江省优秀设计钱江杯奖

项目为2006年浙江省运动会的主体育场，是兼有体育、文艺集会、办公、商业等功能的综合性体育建筑。建筑设计立意为"扬帆起航"，造型上注重体现地方人文特色及体育精神。看台及罩棚于45度的轴线方向分为反对称的两块，与城市轴线相呼应。平面功能注重多样性、开放性，设置了环通的两层高的大平台，可作集会及休闲场所使用。大悬挑看台梁及斜拉索网壳等结构造型体现出飘逸动感的建筑风格。

一层平面图

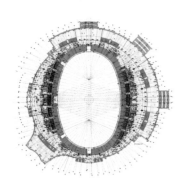

三层平面图

北立面图

东看台20轴线剖面图

西立面图

东看台1轴线剖面图

总平面面图

JIAXING PARALYMPIC CENTRE

嘉兴残奥中心

项目业主：嘉兴市残疾人联合会　　建设地点：浙江 嘉兴
建筑功能：体育、酒店建筑　　　　用地面积：25 617平方米
建筑面积：34 910平方米　　　　　设计时间：2005年09月—2009年03月
项目状态：建成　　　　　　　　　设计单位：浙江省建筑设计研究院
主创设计：金坤　　　　　　　　　参与设计：傅岚、吴申
获奖情况：2010年 浙江省优秀设计钱江杯二等奖

　　嘉兴残奥中心为多功能的比赛、训练、公共活动场所，含体训馆、辅助训练馆、宾馆等。建筑集中布置，通过体量与曲直线条的对比与组合，体现"拼搏、进取"的体育精神与建筑内涵，并重点考虑了残疾人的特殊要求。

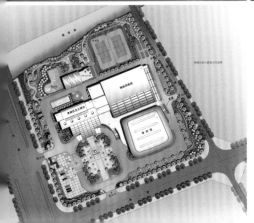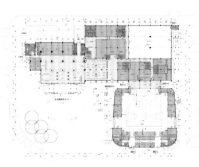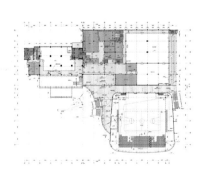

一层平面图　　　　　　　　二层平面图　　　　　　　立面图

剖面图

WEST LAKE CULTURAL SQUARE

西湖文化广场

项目业主：西湖文化广场建设指挥部
建设地点：浙江 杭州
建筑功能：办公、剧院、电影院、博物馆、科技馆、自然
    馆、商业建筑
用地面积：129 705平方米
建筑面积：397 000平方米
设计时间：2000年—2002年
项目状态：建成
设计单位：浙江省建筑设计研究院
主创设计：王亦明、魏强
参与设计：张溯天、裘云丹、叶欣、沈强
获奖情况：浙江省优秀设计钱江杯一等奖

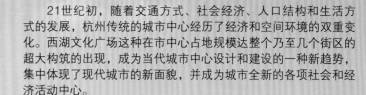

21世纪初，随着交通方式、社会经济、人口结构和生活方式的发展，杭州传统的城市中心经历了经济和空间环境的双重变化。西湖文化广场这种在市中心占地规模达整个乃至几个街区的超大构筑的出现，成为当代城市中心设计和建设的一种新趋势，集中体现了现代城市的新面貌，并成为城市全新的各项社会和经济活动中心。

TWIN TOWERS, HUZHOU CITY

湖州市双子大厦

项目业主：湖州房地产开发总公司
　　　　　湖州镭宝投资有限公司
建设地点：浙江 湖州
建筑功能：办公、商业建筑
用地面积：8 954平方米
建筑面积：52 683平方米
设计时间：2009年—2010年
项目状态：建成
设计单位：浙江省建筑设计研究院
合作单位：湖州天和建筑设计有限公司
主创设计：魏强、范晓军、杨晓辉
获奖情况：浙江省优秀设计钱江杯二等奖

　　双子大厦是湖州市苕溪西路历史文化街区整体改造工程的一个重要组成部分和主要区域节点。设计对城市历史空间关系进行分析和整合；从融入历史氛围的角度，统一化处理建筑与周边保护建筑的色彩，采用极简的建筑形式，使其成为原有历史街区中的背景建筑与新好邻居。

ARCHITECTS

陈建

出生年月：1976年09月
职　　务：综合五院/院长
职　　称：高级工程师/国家一级注册建筑师

教育背景
1996年—2000年　天津城建大学/学士

工作经历
2000年至今　浙江大学建筑设计研究院有限公司

个人荣誉
首届杭州市十佳优秀青年建筑师

主要获奖作品
浙江电力生产调度大楼
荣获：中国建筑学会建筑创作大奖（1949年—2009年）
　　　第八届中国土木工程詹天佑奖
　　　2008年全国优秀工程勘察设计奖铜奖
　　　2008年全国优秀工程勘察设计行业奖建筑工程二等奖
　　　第五届中国建筑学会建筑创作佳作奖
　　　2008年浙江省建设工程钱江杯奖（优秀勘察设计）一等奖
　　　2007年杭州市建设工程西湖杯（优秀勘察设计）一等奖
　　　浙江省青年设计师优秀作品奖

绍兴县行政中心
荣获：国家优质工程银质奖
　　　2003年浙江省建设工程钱江杯奖（优质工程）
　　　2004年浙江省建设工程钱江杯奖（优秀勘察设计）一等奖

浙江工程学院下沙新校区综合教学楼（现名浙江理工大学）
荣获：2003年浙江省建设工程钱江杯奖（优秀勘察设计）二等奖

浙江工程学院服装艺术学院和会展中心剧场（现名浙江理工大学）
荣获：2007年浙江省建设工程钱江杯奖（优秀勘察设计）三等奖

华峰科技创业大楼工程（现名立元大厦）
荣获：2009年浙江省建设工程钱江杯奖（优质工程）

利时百货桐庐大厦
荣获：2013年浙江省建设工程钱江杯奖(优秀勘察设计)三等奖

萧山供电局电力调度大楼
荣获：2014年浙江省建设工程钱江杯奖（优质工程）

广东电网生产调度中心方案
荣获：蓝星杯·第七届威海国际建筑设计大奖赛优秀奖

 UAD 浙江大学建筑设计研究院有限公司
The Architectural Design & Research Institute of Zhe Jiang University Co.,Ltd

　　浙江大学建筑设计研究院有限公司始建于1953年，是国家重点高校中最早成立的甲级设计研究院之一，至今已有60多年的历史。
　　公司坚持"营造和谐、放眼国际、产学研创、高精专强"的办院方针，聘请国际建筑大师安德鲁先生任名誉院长兼艺术总监，聘请中国工程院院士何镜堂先生任艺术总监。现有员工600多名，其中中国工程设计大师1名，中国当代百名建筑师2名，浙江省工程勘察设计大师3名，中国杰出工程师4名。历年来获得近600项国家、部、省级优秀设计奖、优质工程奖及科技成果奖。
　　2012年公司成立了由董石麟院士、龚晓南院士和安德鲁大师领衔的院士专家工作站（市级），2008年成立的工程技术研究中心为省级企业技术中心，先后获得当代中国建筑设计百家名院、中国勘察设计行业创新型优秀企业、杭州市十佳勘察设计企业等称号。公司被认定为浙江省高新技术企业、杭州市十大产业重点企业及杭州市文化和科技融合示范企业（试点），是第一批国家级工程实践教育中心建设单位，取得了良好的社会声誉和经济效益，得到了社会各界和建设单位的赞扬和好评。

电话：0571-85891508
传真：0571-85891518
网址：www.zuadr.com

ZHEJIANG ELECTRIC POWER GENERATION AND DISTRIBUTION BUILDING

浙江电力生产调度大楼

项目业主：浙江省电力公司　　建设地点：浙江 杭州　　　　　建筑功能：办公、电力调度
用地面积：13 200平方米　　　建筑面积：84 724平方米　　　设计时间：2001年08月
项目状态：建成　　　　　　　设计单位：浙江大学建筑设计研究院有限公司　　合 作 者：董丹申、黎冰、倪剑

　　浙江省电力大楼是浙江省电力公司生产调度及管理办公的场所，位于杭州市黄龙路与西溪路交叉口东南角，在西湖景区黄龙洞附近。

　　该建筑由于风景区的限高及总建筑面积的要求，创作难度及制约都很大。本设计在有限的基地里创造了无限的可能性，以多向掏空的拓扑空间格局融合传统的围院精神组织了整个大楼，其宏伟、多向、富于变化的室外及半室外空间，是对城市的一种贡献，也是形成自身标志性的内涵所在。

　　建筑形象以龙纹隐喻恰如其分地演绎了黄龙地域的文化特征。立面处理结合形体的转折变化形成了非常独特的建筑气质，庄严而不失轻松，严谨而不缺变化。

　　在《公共建筑节能设计标准》实施前，本工程即考虑高标准的节能设计。基地南北面窄，东西向长，产生了大量的东西晒的问题。建筑设计中太阳直射较多处多以实墙面点窗来减少日照热负荷。在内庭阳光散射处设计了大面积的玻璃，充分利用自然采光。各相关专业采取了很多绿色节能措施。工程建成后经测评，总节能率达到65%。

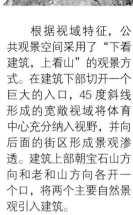

根据视域特征，公共观景空间采用了"下看建筑，上看山"的观景方式。在建筑下部切开一个巨大的入口，45度斜线形成的宽敞视域将体育中心充分纳入视野，并向后面的街区形成景观渗透。建筑上部朝宝石山方向和老和山方向各开一个口，将两个主要自然景观引入建筑。

LIN'AN SPORTS AND CULTURAL EXHIBITION CENTER

临安体育文化会展中心

项目业主：临安市新锦投资开发有限公司
建设地点：浙江 临安
建筑功能：体育场馆、商业展示、市民公园
用地面积：10 733平方米
建筑面积：88 455平方米
设计时间：2010年03月
项目状态：在建
设计单位：浙江大学建筑设计研究院有限公司
合 作 者：董丹申、倪剑、蔡弋、雷持平

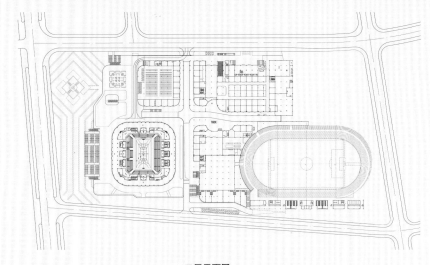

二层平面图

　　方案构思源于临安的山水意向，运用如同传统山水画中大写意的水墨笔法，勾勒出层层晕染的山水意境，契合临安"书画艺术之乡"的深厚城市人文底蕴。通过与缓坡丘陵地貌相结合的层层台地，建筑与城市自然衔接，极大地提高了场所的可达性与参与性。其布局形态向主城方向打开，展现了体育文化会展中心亲民、开放的姿态。

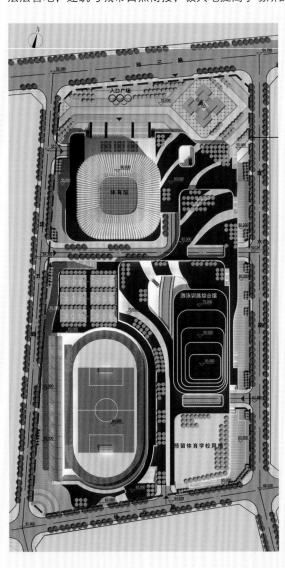

　　在流线上，通过立体分层的方式，有效提高土地的利用率，将地面广场空间完整地开放给市民活动。
　　在布局上，将场地划分为五大功能区块，各功能区间通过内街相互分开，同时在空中架起天桥加以连接，使得整组建筑在形态上浑然一体。
　　在形态上，将游泳馆和训练馆设计成一组连绵起伏的地景建筑，与周边山体相呼应，烘托出体育会展馆的主体形象。
　　在功能上，在体育会展功能基础上融入了四大主力业态，分别为广场前段的超市、场地西侧的电影院、场地东侧的KTV以及上部环境优美的餐饮，同时还沿道路两侧与内街部分布置线性商业地带，满足了市民健身、休闲、娱乐、购物一体化的复合诉求。充分考虑商业运作价值，达到"以馆养馆"的目的，为会展中心以后的良好运行提供保障。

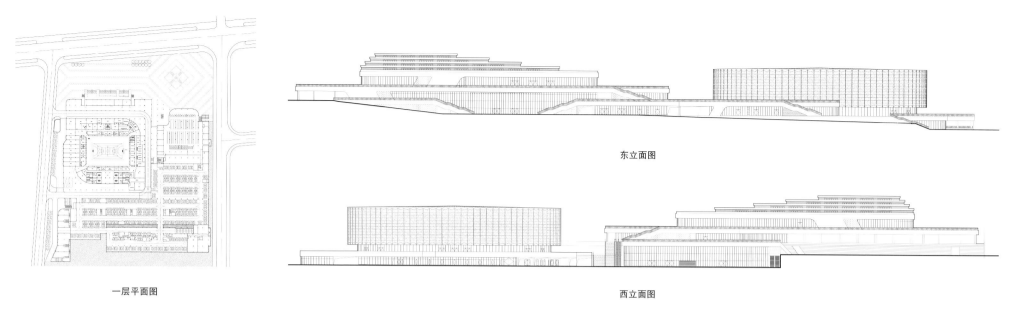

一层平面图

东立面图

西立面图

HONGFA INTERNATIONAL SQUARE

鸿发国际广场

项目业主：浙江鸿发置业有限公司
建设地点：浙江 杭州
建筑功能：办公、商业
用地面积：12 703平方米
建筑面积：106 248平方米
设计时间：2011年09月
项目状态：在建
设计单位：浙江大学建筑设计研究院有限公司
合 作 者：乔洪波、楼正、沈超

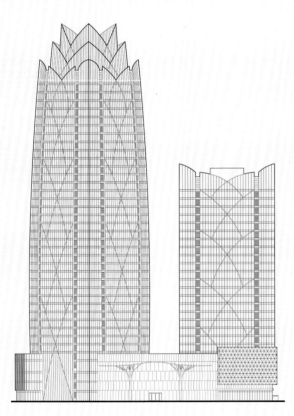

北立面图

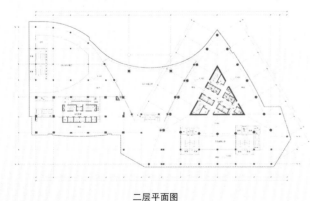

二层平面图

方案致力于打造一个"积极融入城市环境、高度适应功能变化、具有典雅独特立面形象"的新型城市综合体。

1. 积极融入城市环境

基于场地条件，将建筑拉开，在场地中央设置了集中绿地，将步行人流从公园东路与广场路引入，同时场地南侧和西侧的开口也方便周边人流的到达，共同创造出贯通四方、积极开放的城市公共空间形态。本方案采用围合式的总体布局，充分利用场地，最大化地利用场地面宽，沿公园东路形成连续大气的主要城市界面。

2. 高度适应功能变化

塔楼采用三角形平面、一梯三户的格局，标准层面积约为1 200平方米。板楼采用矩形平面、一梯两户的格局，标准层面积约为800平方米。以400平方米为基本销售单元，根据市场需求，可灵活组合成800平方米、1 200平方米等多种销售单位，既提高空间的使用效率，又满足租售面积的多种需求。

3. 典雅独特立面形象

建筑立面采用玻璃幕墙作为主要材料。具有凹凸感的斜向线条在通透的玻璃面上相互穿插，产生充满节奏感的变化，如春笋般生长在繁华的钱江世纪城土地上，创造出简洁现代又具有典雅韵味的非凡形象，其节节高升的品位格调是对企业形象的最好宣传。

AIM GROUP International
[加拿大]
亚瑞建筑景观
[中国甲级]

陈晓宇

出生年月：1970年01月
职　　务：首席建筑师/集团总裁
职　　称：加拿大注册建筑师

教育背景
2004年　加拿大注册建筑师
2000年　加拿大皇家建筑师学会/会员
1997年　华南理工大学/建筑学/硕士

工作经历
1998年—2004年　KNEIDER ARCHITECTS
2004年—2006年　JULIAN JACOBS ARCHITECTS
2006年至今　　　加拿大AIM国际设计集团

主要设计作品
广州南站区域地下空间及市政配套设施工程
千灯湖京华广场(含210米超高层，2栋150米超高层)
千灯湖新凯广场(含190米超高层)
千灯湖美华国际金贸中心(含186米超高层)
广州国际金融城(含190米超高层)
金沙洲星港城购物中心
联华威斯顿酒店综合体
番禺汇珑新天地
广州国际皮具中心
中恒国际商业广场
佛山瑞龙酒店商业综合体
贵州金州体育城

中国建筑景观部
电话：020-38819168/38811627/38848126
传真：020-38812825
邮箱：A@AIMgi.com [建筑]
　　　La@AIMgi.com [景观]
QQ：1124955421

中国室内部
电话：020-38813815/38813785/38864882
传真：020-38811267/34387365 [广美]
邮箱：EM@AIMgi.com
QQ：491240981

中国商业地产策划
电话：020-38848831/38848832/38848823
传真：020-38809480
邮箱：EI@AIMgi.com
QQ：49448826

国际部[加拿大]
电话：+416 4919 988
传真：+416 5677 803

国际部[香港]
电话：+852 2411 6631
传真：+852 8949 7386

加拿大AIM国际设计集团是中国、加拿大、瑞士合资设立的国际品牌。广州总部聚集了200余名国际国内专业人才，形成涵盖商业地产策划、城市规划、建筑设计、室内设计、景观设计、广告设计、项目管理、工程施工（室内、景观）等八大领域的全程服务产业链。数百个项目遍布美国、澳大利亚、加拿大、泰国、中国等国家。

AIM是一个国际的、创新的、充满激情的团队，且是持有中外合资甲级资质的建筑设计院，不仅拥有一流的创意，还有一支强大的包括结构、水电、设备、暖通、室内、景观等专业的技术队伍作为项目支撑，以确保方案的可实施性和造价的有效控制。在与国内众多知名地产商（如中信地产、联华集团、龙光地产、恒大地产、万达集团、天安数码等）的长期合作中，无论是设计品质还是服务品质均受到业主好评。除了方案水平突出外，AIM亚瑞在工程含钢量优化方面也颇有心得，深得开发商的好评。如"中信凯旋国际"项目，其含钢量在中信集团所有项目横向比较中创最低，中信集团将其评为最经典的项目，行业媒体也对其进行了广泛报道。

由于AIM采用专业化、国际化的运作模式，建筑设计、景观设计、商业策划、招商运营等多专业同期介入，使其在商业综合体设计领域独树一帜。凭借开阔的国际视野、前瞻性的设计理念以及对商业地产的专注、持续研究，加拿大AIM国际设计集团在商业地产领域声名鹊起，先后承接了"番禺汇珑新天地""广州国际皮具中心""联华威斯顿酒店""西樵商业综合体""容桂宝兴永旺梦乐城""金州体育城—大峡谷梦乐城""信德中心""深圳双塔""虎门客运站综合体""道窖客运站综合体"等20余个成功案例。凭借在商业地产积累的诸多经验，AIM在强手如林的"美华国际中心""广州南站地下空间设计""亚洲国际金融广场"顶级角逐中，一举夺魁。这些项目的如期中标，更加凸显了加拿大AIM国际设计集团在商业地产领域的领先优势。资深的行业背景、良好的方案水平、优质的设计服务团队，为AIM在商业地产领域积累了行业口碑。

部分合作伙伴（排名不分先后）：
中信地产、龙光集团、敏捷集团、联华国际、恒大地产、万达地产、广晟地产、佛奥集团、中南恒展集团、高威地产、团星地产、坚美华鸿置业、金凯盛集团、新凯星晖地产、广州城投、城际置业、港汇地产、正腾集团、欧浦地产、中力集团、力合宏天、富康集团、宝供集团、瑞龙集团、吉林大学、鼎峰地产、龙华地产、集安投资、建南集团、国泰天彤、耀盈地产、长安商会、名高实业、广武酒店等。

单位荣誉：
2011年—2013年"中国城市可持续发展"最佳国际设计机构；
2009年—2013年度"中国最具影响力"境外设计机构。

JINGHUA SQUARE

京华广场

项目业主：金凯盛集团有限公司　　建设地点：广东 佛山
用地面积：27 200平方米　　　　　建筑面积：520 914平方米
容 积 率：6.0　　　　　　　　　　绿 化 率：28%
建筑功能：酒店、办公、商业、公寓
项目状态：报建中
设计单位：加拿大AIM国际设计集团

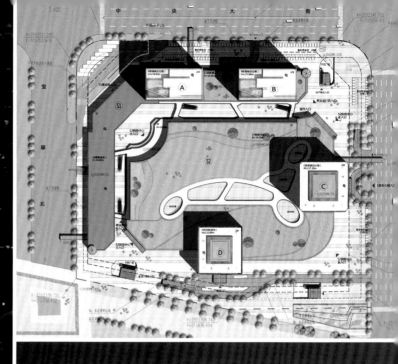

本案联手"全球酒店之王"——希尔顿国际酒店，创新推出以"希尔顿国际五星酒店（Hilton Hotel）+购物广场 (Shopping Mall)+A级办公空间(Office)+双塔公寓(Apartment)"为核心的业态组合，于古郡千年商业龙眼之地，筑造"广佛都市圈"强势崛起的国际高端都市综合体。项目更突破传统商业购物空间迷思，创意性地在购物广场顶层设计空中假日沙滩，作为希尔顿酒店及精品公寓的私属配套。项目以绝无仅有的完整物业价值链，构建一站式的商务圈层，为佛山定制最高商务环境，接轨国际，实现都市商业综合体的价值爆破。灯塔、帆船似的建筑外观在建筑设计和功能美学上达至协调统一。213米的标杆高度、50万平方米的商业巨塔，宛如具有远见卓识、引领前进的智者崛起于金融区核心之巅。

XINKAI SQUARE

新凯广场

项目业主：佛山市星晖新凯物业发展公司
建设地点：广东 佛山
用地面积：29 486平方米
建筑面积：170 550平方米
容 积 率：5.6
绿 化 率：5 %
建筑功能：酒店、办公、商业、公寓
项目状态：在建
设计单位：加拿大AIM国际设计集团

本案围绕"现代岭南，花园绿城"概念深挖核心价值，以绿色引领商业，着重绿色景观的融入，以开放的体验化空间吸引人们主动参与消费，突破室内外空间界限，并引入特色酒店、精品餐饮、艺术娱乐和休闲购物等，打造出一处时尚商业气氛浓郁，又饱含自然清新气息的现代商业综合体。项目一期先启动裙楼旗舰商业街，以娱乐餐饮、时尚服装等为主导，快速启动，会聚人气，打响品牌与知名度，快速回笼资金。通过二期投入，滚动开发高层写字楼、酒店及公寓，提升项目商业效益。项目形如清莲的建筑外形与裙楼大面积的绿色空间相互辉映，营造出摩天森林中的花园绿城，定将成为高速发展的商业红海中与众不同的一处气质优雅的绿色地标性商业综合体。

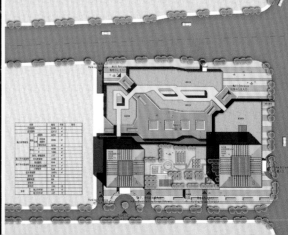

MEIHUA INTERNATIONAL JINMAO CENTER

美华国际金贸中心

项目业主：佛山市南海区坚美华鸿职业投资有限公司　　建设地点：广东 佛山
建筑功能：办公、商业　　用地面积：13 951平方米
建筑面积：130 680平方米　　容 积 率：5.6
绿 化 率：5 %　　项目状态：在建
设计单位：加拿大AIM国际设计集团

　　本案西侧的千灯湖片区为优势景观面，设计中将塔楼设计成拔片状的平面形式并进行角度的扭转，使得建筑2/3的边长能尽览千灯湖美景，实现优势景观的最大化。塔楼平面形式很好地化解了直对华南金融中心尖角的不利影响。在贯彻本案的设计理念后，美华国际金贸中心必将树立佛山写字楼的新标杆，一如其所代表的乘风破浪的企业形象，扬帆灯湖，驶向世界。

UNDERGROUND SPACE AND MUNICIPAL FACILITIES OF GUANGZHOU SOUTH STATION

广州南站区域地下空间及市政配套设施工程

项目业主：广州新中轴建设有限公司　　建设地点：广东 广州
建筑功能：商业　　　　　　　　　　　用地面积：348 987平方米
建筑面积：564 992平方米　　　　　　项目状态：在建
设计单位：加拿大AIM国际设计集团

　　城市意象与形象定位——羊城门面，通过形象化的景观表达形式以及立体化的趣味景观，巧妙地解决交通聚散、场所空间过渡及可视性等一系列问题。木棉树中轴象征广州的精神脊梁，其自然生长形成有机统一体。中轴线从东向西由"水—田—园—城"四个片段表达岭南山水田园城市的递变肌理；记载着自然与城市的变迁，工业化与大自然的梯度交融。

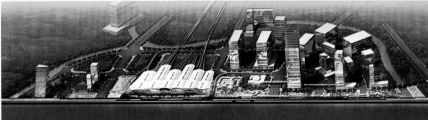

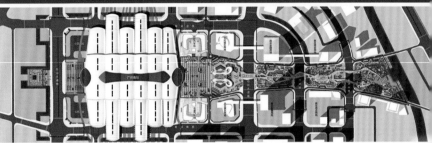

WAVES & ORCHIDS GARDEN

海韵兰庭

项目业主：广东逸涛万国房地产有限公司
建设地点：广东 广州
建筑功能：住宅
用地面积：34 209平方米
建筑面积：140 000平方米
容 积 率：2.90
绿 化 率：30%
项目状态：建成
设计单位：加拿大AIM国际设计集团

　　该项目定位为休闲生活小区。在规划上，为保证小区内部空间的完整性和总体布局的整体性，该项目采用了"庭院"式布局，即建筑沿用地边线布置，围合成大的小区内部空间，在中央设置全区共享的大园林景观和水体，大大提高小区的利用率，同时也提高小区的品质档次和生活舒适性。景观设计上，结合软质及硬质景观创造安全、安静的气氛。建筑风格结合简约、现代滨海风情和新岭南特色，以水平线条构图来突出"海"之浪漫、飘逸风韵，令主体建筑富有海洋气息；售楼中心的珊瑚创意设计成为该项目的点睛之笔，呼应"海韵"主题，创造出一个海文化生活小区。

RIVERSIDE HOUSES

江畔豪庭

项目业主：广东粤丰投资集团公司
建设地点：广东 东莞
建筑功能：住宅
用地面积：19 677.57平方米
建筑面积：80 000平方米
容 积 率：0.96
绿 化 率：40.5%
项目状态：建成
设计单位：加拿大AIM国际设计集团

　　建筑风格以西班牙建筑形式为主体，结合当地居住者在建筑空间与平面布局上的要求，形成新城独具特色的建筑语言。建筑立面注重体形及细部尺度、色彩及材料处理，为居住者精心打造出一个富于异域风情的时尚生活居住社区。
　　双拼别墅拥有良好的邻里关系和浓郁的生活氛围，南北朝向，人行道路分别在双拼别墅的南北两侧，人行道路旁是每套别墅的私家花园，优美舒适，富有生活情趣。每户均拥有下沉庭院及前后花园。

LIUHUA EXHIBITION CENTER

流花展馆

项目业主：流花湖公园　　　　　建设地点：广东 广州
建筑功能：公共建筑　　　　　　建筑面积：1 175平方米
项目状态：建成　　　　　　　　设计单位：加拿大AIM国际设计集团

　　流花展馆是一个融合中西建筑文化的窗口。坐落在广州流花湖公园东区的流花展馆建筑，始建于20世纪60年代初，从最初的音乐茶座，到90年代的健身俱乐部，经历了几十年的高强度使用后，已经有了明显的岁月痕迹，剥落的砼保护层、外露的生锈钢筋等，将这里变成了公园内人们不愿多望一眼的角落。

　　然而，自2010年11月改建完毕重新开放后，这座建筑成为展示流花湖公园的平台，又显得十分瞩目了。各种与艺术有关的展览都可以在此举办，盆景、插花、陶艺、园林书画、摄影，应有尽有。近日，馆内展出了约200件公园历年来的珍藏艺术品，获得了不俗的反响。

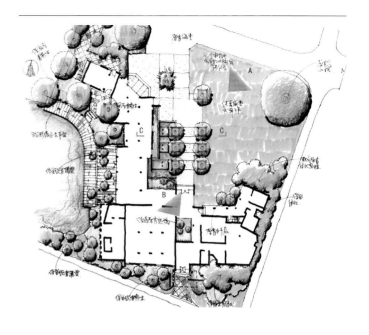

　　端视眼前的这座建筑，朴素、开放、包容、现代。它最大程度地保留了原建筑物的梁、板、柱，尊重了建筑的历史与沉淀，且加建部分与原有建筑通过设计师的精心设计巧妙地糅合在了一起。展现在眼前的是一座与公园融为一体的，敞亮、通透、艺术、有品位的精致建筑，令人根本找不到改建前阴暗、潮湿的痕迹。我们不禁惊叹，在大部分展馆都要依靠室内灯光采光时，这座建筑却有很好的自然采光和通风效果。原来，设计师在保障展品安全及展览合理性的前提下，通过在加建建筑上采用百叶、玻璃光棚、玻璃雨棚等设计，最大程度上实现了建筑的低碳、节能、环保，同时也使建筑在形态上焕然一新。中西文化，或放大，或浓缩，都在这里有了很多的展现：入口处，刻着苍劲汉字的花岗岩景墙，落落大方地展示着岭南文化的底蕴和魅力；改建时，在争议声中得以保留的树木、景观和亭台，依然散发着极强的生命力；别具匠心的不锈钢花槽设计，现代感十足，简约而又时尚，体现出岭南园林的创新精神，喷泉与周边景观随着光影变化而映射在花槽上，呈现出动态的景观；院落和走廊处，简洁明朗的岭南窗格里，映出景中景的惬意。

　　步入展馆，玻璃光棚钢骨架的设计，搭配特制的白色地砖，使展馆通透明亮的同时，也满足了节能、低碳、环保的要求；磨砂玻璃上镂空的书法字，巧妙地勾勒出了这座展馆的文化气质；精心设计的组织流线让人可以全心享受文化大餐；而那些馆内珍藏的展品，在这座兼容东西方文化的精致建筑里，骄傲地陈述着它们的过去、现在和未来。传统与现代的有机结合，体现了岭南建筑"无界限"的创新。

　　依偎于流花湖和美丽葵林的亲水平台，更为展馆带来了一丝大自然的清新气息。身在其中，感受室外园景与室内空间相互穿插互动的流动性和趣味性，确实让人怡然自得。

ARCHITECTS

陈翚

湖南大学建筑学院 博士/副教授

　　1971年2月出生于湖南省汨罗市。湖南大学建筑学院副教授，硕士生导师。国际被动式住房协会会员，捷克建筑师学会外籍会员，中国建筑学会会员，湖南省设计艺术家协会会员，湖南省土木建筑学会会员，湖南省传统村落与传统民居调研组专家，布拉格国际建筑节中国展区终身策展人，布拉格"AW"实验性建筑设计竞赛终身评委。

教育背景

1989年09月—1993年07月	湖南大学/建筑系/学士
1999年09月—2003年06月	湖南大学/建筑学院/硕士
2003年09月—2004年06月	美国管理技术培训中心IEP英语培训
2006年10月—2007年08月	国家公派赴捷克技术大学交流访问一年
2008年10月— 2012年05月	赴捷克技术大学建筑学院攻读博士学位，并于2012年5月获得该校建筑设计及理论专业哲学博士学位，成为捷克历史上第一位获得建筑设计及理论博士学位的中国人

工作经历

1993年	毕业于湖南大学建筑系，获学士学位并留校任助教
1994年07月—1998年03月	外派至湖南大学设计研究院珠海分院工作，担任主创设计师
2004年06月	湖南大学建筑学院副教授，任院长助理
2006年—2007年	获得国家留学基金委资助，捷克技术大学（布拉格）访问一年
2012年至今	湖南大学建筑学院副教授

主要作品与成就

珠海市新香洲（Town House）居住小区
湖南省益阳市火车站站前商业广场
湖南省湘潭市潇湘市民广场方案设计
长沙市万代广场外立面改造设计
西藏山南地区桑耶寺"CROSS WAY"环境设计
广西省公安厅刑侦技侦大楼方案设计
长沙市应急救援中心设计
江西共青城碧水华庭居住区方案设计
江西共青城动漫产业园方案设计
布拉格15区规划修编
捷克老波勒斯拉夫市老城广场设计
湖南省益阳市花木城会所设计
湖南省靖州体育馆方案设计
湖南省历史古镇长乐镇新街修建性详细规划
湖南大学早期建筑群保护规划

CONCEPT DESIGN OF BISHUI HUATING PHASE II, JIANGXI

江西共青城碧水华庭二期方案

项目业主：江西康城房地产开发有限公司
建设地点：江西 共青城
建筑功能：居住小区
用地面积：40 000平方米
建筑面积：100 000平方米
设计时间：2012年03月—2014年06月
项目状态：在建
主创设计：陈翚
参与设计：Michal Hlavacek、Peter Herman、许昊皓、唐加夫、陈小明

　　阳光、空气、水、树木和土地，是人们赖以生存的五个元素，也是本案设计中主要考虑的因素，每一个细节都体现出对这些因素的尊重与考究。沿街的高层公寓为街道营造了完整的界面，也阻隔了城市的喧嚣。转折和镂空的形体顺应阳光和气流，使每一栋住宅都能享受自然。住宅围合成相互联系的绿地或广场，以不同元素的主题形态加以区分。形似活字印刷版的窗户在内部形成相对私密的小空间，使居住者享受阳光和室外美景。

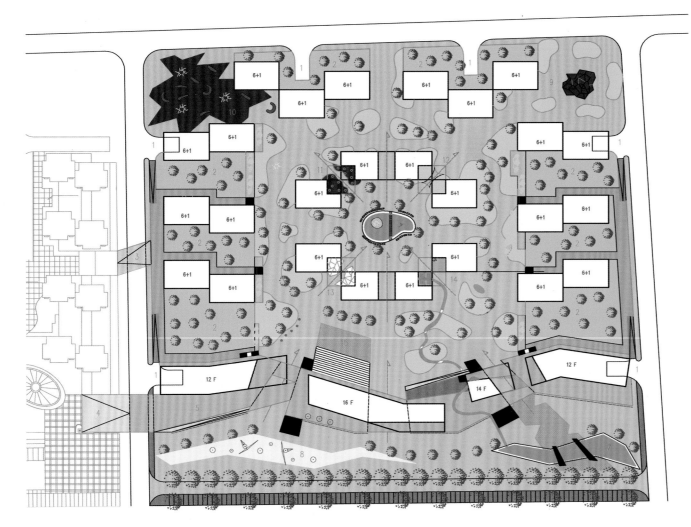

总平面图

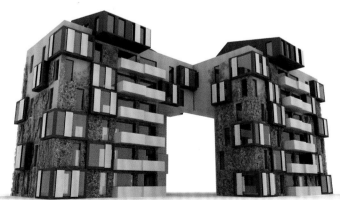

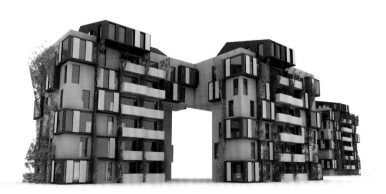

THE NATURE CLUB, YIYANG

益阳花木城会所

项目业主：益阳花木城苗木产业发展有限公司
建设地点：湖南 益阳
建筑功能：企业会所
用地面积：4 000平方米
建筑面积：750平方米
设计时间：2012年08月—2013年02月
项目状态：建成
主创设计：陈翚
参与设计：许昊皓、李卫、李洋

会所位于益阳市郊一个苗木产业园内，环境优美，交通便利，周边围绕着毫无特色的乡村农舍。会所的特点在于营建过程而不是设计。从定位之初，业主和设计师就决定依托当地传统建筑风格和营建模式，以低技的方式营造休闲自在的场所。建筑师带着草图直接参与了建造的全过程，包括砖墙的砌法和挑檐的处理，都由建筑师与有经验的泥水匠共同协商完成。这种采用当地传统的建造工艺、建筑材料和营建模式，通过创造性的方法建造起来的熟悉而陌生的形式特征，有助于提高当地工匠的职业水平，开创对本土可能性的多元化探索和资源的灵活应用，对解决中国广阔的农村地区大量农房的形式特征更新的问题有一定的指导意义。

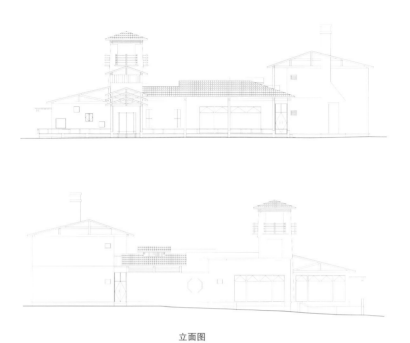

立面图

一层平面图　　　　　　　　　　　　　二层平面图　　　　　　　　　　　　　剖面图

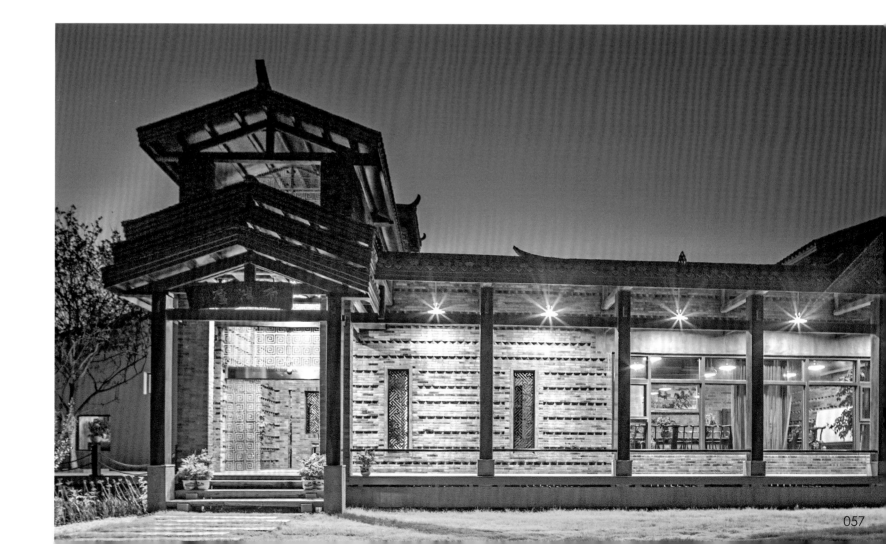

陈新

出生年月：1970年
职　　务：设计执行总监
职　　称：高级工程师
　　　　　国家一级注册建筑师

教育背景
1995年毕业于天津大学建筑系/硕士

工作经历
1999年至今　东方华脉

学术研究成果
《人居动态》2004年—2013年系列丛书主编

主要获奖作品
北京国际新闻中心　　荣获：第四届中国威海国际建筑设计大奖赛优秀奖
白洋淀印象·江南　　荣获：2007年全国人居经典建筑规划设计方案竞赛建筑金奖
汇通新天地居住区　　荣获：2009年全国人居经典建筑规划设计方案竞赛规划、环境双金奖
蓝天岐山湖国际岛　　荣获：2013年全国人居经典建筑规划设计方案竞赛综合大奖

建筑思想
当建筑学遇到工程便成为了社会学，它涵盖了太多的社会责任，同时又是不可逆转的过程，每一栋建筑都应该发自自己独特的声音。

孙明军

出生年月：1968年
职　　务：董事总经理
职　　称：高级工程师
　　　　　国家一级注册建筑师

教育背景
1995年毕业于天津大学建筑系/硕士

工作经历
2002年至今　东方华脉

主要获奖作品
哈尔滨欧洲新城居住区　荣获：2004年全国人居经典建筑规划设计方案竞赛综合大奖
上海丽洲大酒店　　　　荣获：2006年全国人居经典建筑规划设计方案竞赛建筑金奖
辽宁盘锦鑫怡和居住区　荣获：2010年全国人居经典建筑规划设计方案竞赛建筑金奖
唐山悦湖丽景住宅区　　荣获：2011年全国人居经典建筑规划设计方案竞赛综合大奖

建筑思想
重要的大型公共建筑、地标性建筑只能是少数，大量的建筑，其第一目的是为人们提供一个安居乐业的场所，但正是这些场所的品质与水准，代表了一个国家的经济与文化实力，东方华脉致力于在这方面做扎实的工作，就像我们企业使命中所提到的"让中国人工作、生活的空间更美好"。

季文　　　　　　卢鹏　　　　　　刘瑾　　　　　　季建平　　　　　　杨亮
职位：常务副总经理　职位：董事建筑师　职位：主任工程师　职位：主任工程师　职位：市场部总监
　　　　　　　　　　　　　　　　　　　　　　　　　一级注册结构工程师

东方华脉

地址：北京市西城区车公庄大街五栋大楼B1座六层
电话：010-88395106
传真：010-88395109
网址：www.df-hm.com/cn/
E-mail: dfhmxz@163.com

　　东方华脉品牌创立于1999年初，公司主业包括建筑设计、城市规划设计、景观设计、室内设计、房地产投资咨询等，公司的宗旨是融会多元文化和先进的理念，为客户提供优质的设计和良好的服务，创造美好的建筑空间和舒适的生活环境——"让中国人生活、工作的空间更美好！"

　　公司总部位于北京，在西安、青岛、沈阳、成都、西宁、济南、烟台、贵州、张家口等设立分公司，并且拥有建筑设计甲级资质及规划设计乙级资质，完善的管理系统、宽松灵活的绩效体系，共同构成了企业强有力的平台，量化、制度化、流程化、标准化、信息化的内部管理主线和以执行力为核心的"结果导向"企业文化，为敬业、诚信、富有激情的员工提供了展现自我的舞台，使得整个团队能够高效地发挥自身的创造力。

　　多年来，公司凭借个性化的产品及专业化的服务在业界享有良好声誉，公司的发展得益于信任我们的稳定客户以及为"东方华脉"这一品牌不懈努力的全体员工。

　　我们在收获成果的同时，也面临着机遇与挑战。通过与国内外优秀团队的全方位合作，我们将通过创新来提升自身竞争力，并强化合作、共赢的企业信念，推动企业稳步发展。

FLAGSHIP CRYSTAL HOTEL

上海丽洲大酒店

项目业主：上海丽洲大酒店有限公司
项目地点：上海
建筑功能：主题酒店、酒店式公寓
用地面积：9 510平方米
建筑面积：35 700平方米
设计时间：2006年
项目状态：主体结构封顶，室内外装修进行中
结构设计合作单位：中国建筑科学研究院
获奖情况：2006年全国人居经典建筑规划设计方案竞赛建筑金奖

　　本项目位于上海市奉贤工业综合开发区。由于酒店的餐饮娱乐功能与客房部分在面积分配及重要性方面恰好分庭抗礼，各占一半，但受到基地的面积限制以及周边自建房的干扰，入口同在首层不容易做到各司其职，为此我们利用起坡将酒店的大堂置于二层，形成空中"金色大厅"，与首层便捷的餐饮娱乐入口形成立体交叉分流。

　　将游戏厅、台球厅等较为喧哗的区域置于一层，洗浴中心置于地下一层没有景观的区域，各餐厅主要置于二层，使其视野得到改善，使用也较为便捷，游泳池、会议中心、健身区、茶吧等置于三、四层，风景独好且有屋顶的平台，为客户提供室外的体验消费。

　　客房部分由两个体量组成，一个是横向展开的酒店式公寓部分，另一个是塔楼客房部分。

　　建筑造型取意"旗舰"，为了实现夸张的效果，结构体系采用钢结构及钢筋混凝土结构混合体系，在设计中也顺利通过了超限审查，大厦的外部材料主要是玻璃及铝板，裙房部分局部是石材，船体造型部分的外饰板为氟碳金属漆钢板，建筑造型中的诸多细节都取自于航母的元素。

HEBEI XING PORCELAIN MUSEUM AND LINCHENG COUNTY URBAN PLANNING EXHIBITION HALL

河北邢瓷博物馆及临城城市规划展览馆

项目业主：临城住房和城乡建设局
建筑功能：博物馆、展览馆
建筑面积：15 675平方米
项目状态：方案

建设地点：河北 临城
用地面积：50 585平方米
设计时间：2014年

临城是白瓷的发源地，并在鼎盛时期名噪一时，该项目需要在一个用地里同时组织好一个博物馆和一个展览馆，两个功能又都具有典型的特殊性，在经过多个方案的比选后，我们采用了"H"形的联体布局，利用宋瓷制作过程中"手工制胚"的肌理效果，采用手工制模混凝土板制成下小上大的两个"杯"状雕塑造型，既唤起人们对邢瓷制作工艺的回忆，也符合城市规划展览馆的创意性。建筑内部还利用廊下的空间，二次创造出许多特殊的框景区域。

东立面图

北立面图

南立面图

总平面图

BEIJING JEAN INDUSTRIAL MEDICAL DEVICE R & D CENTER

北京吉恩兴业医疗器械研发中心

项目业主：吉恩兴业科技（北京）有限公司
建设地点：北京
建筑功能：生产、研发中心
用地面积：17 000平方米
建筑面积：21 400平方米
设计时间：2009年
项目状态：建成

　　该项目业主是一家在纳斯达克上市的高科技医疗器械公司。为了满足该企业生产、研发、配套、合作等多方面的要求，在用地并不宽绰的前提下，设计采用了中国传统的"合院"布局方式，将几大功能聚合在一起，由于紧邻京津塘高速公路，这种形体组合的模式创造出了一种大尺度建筑的张力。相对于企业生产的精密仪器，建筑的外表皮采用了粗糙混凝土机刨的处理方式，理性地重复着竖向开窗这种纯粹的语言。从某种角度思考，它摆脱了传统工业建筑的单一乏味，更具有科研建筑的理性气息。

GALLERY AND SQUARE INTERNATIONAL FINANCIAL STREET PROJECT, LOT ONE LANGFANG

廊坊廊和坊国际金融街项目一号地块

项目业主：廊坊澳美基业房地产开发有限公司
建设地点：河北 廊坊
建筑功能：商品住宅、风情商街、精品酒店
用地面积：44 070平方米
建筑面积：146 310平方米
设计时间：2009年
项目状态：建成

　　项目位于廊坊市经济技术开发区，包括一个现状创意展示中心，一栋折线形精品酒店、四栋商品住宅及西侧5 000平方米的风情商业街。

　　业主要求住宅的设计既要控制成本，又要富有创意，于是采用了深咖啡色仿砖SKK涂料，配以装饰挑板及外框，通过空调机位组窗的位移变化，形成构成式的风格，但不影响住宅的使用功能，也不会使户型种类变得很复杂。

　　由于廊坊是一个多元的城市，城市本身没有形成自身的文化特点，为了吸引客流，我们把这个商业街设计成混搭风格的风情商业街，砖墙、毛石墙、粉刷墙、玻璃幕墙同时存在，坡屋顶、平屋顶互相组合，创造具有穿越感的混合街景。

　　商业街由独立三层店面组合形成曲折错落的内街业态，包括有机超市、时尚饰品、异域美食、健身休闲、高清影院、手工艺作坊、情调咖啡酒廊以及一座古老的婚礼教堂（前期作为售楼展示）。这些店铺可以租、售给独立的商户，自主经营，统一管理，即保证每个客户利益的均好性，又为每个客户留出一定的个性空间。

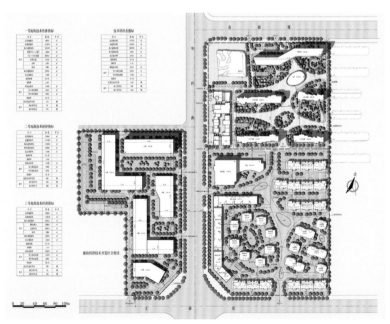

程 权

职务：董事总经理
职称：国家一级注册建筑师、高级建筑师

教育背景
1985年—1989年　天津大学/建筑系/学士
1991年—1994年　天津大学/建筑系/硕士

工作经历
1994—2004年　深圳大学建筑设计研究院/高级建筑师、建筑系讲师、建筑摄影实验室主任
2004年至今　　深圳凯斯筑景设计有限公司(KAS DESIGN GROUP)

主要设计作品
深圳万科天琴湾
广州利海托斯卡纳
深圳万科东海岸
太原富力爱丁堡公馆
郑州清华大溪地
成都万科城市花园
南海明珠（南海电力大厦）
广州保利花城
常熟盛高置地怡景湾

获奖情况
1991年　主持编写的山东省建筑标准图集《吊顶》/荣获：山东省优秀建筑设计奖
2000年　《平和》《金色旋律》《沐浴》《光与影》《构》/荣获：第一届全国建筑摄影大赛入围奖
2002年　宁波海光新都项目/荣获：深圳市第十届优秀规划设计三等奖
2003年　《和谐》/荣获：第二届全国建筑摄影大赛优秀奖
2004年　万科东海岸项目/荣获：深圳市第十二届优秀建筑设计二等奖
2005年　万科东海岸项目/荣获：广东省第十二届优秀工程设计一等奖
2005年　万科东海岸项目/荣获：第二届中国威海国际建筑设计大奖赛铜奖
2006年　万科天琴湾项目/荣获：第三届中国威海国际建筑设计大奖赛优秀奖
2007年　荣获：第二届中国国际建筑艺术双年展人居经典风格奖
2011年　荣获：全国人居经典建筑规划设计方案竞赛建筑环境双金奖

出版情况
《深圳大学建筑系学生优秀作业选》/中国建筑工业出版社出版/主编/2000年
《高层办公综合建筑》第三章《办公综合建筑及城市环境》/中国建筑工业出版社出版/1997年
《深圳特色楼盘》/中国广播电视出版社出版/摄影师之一/2001年（一套四本）
《深圳特色楼盘2003》/上海辞书出版社出版/摄影师之一/2003年（一套六本）
《风情英伦录》/撰文摄影/2006年发表于《名城的故事——建筑师眼中的欧洲城市风情》
《灵感·品质——凯斯作品》/中国图书出版社出版/主编/2013年
《海岸生活——万科东海岸》/（正在撰写，专著）

地址：深圳市福田区车公庙盛唐大厦东座303
电话：0755-88350900
传真：0755-88350400
网址：www.kas.cn
电子邮箱：kas@kas.cn

KAS DESIGN GROUP是一家综合性的设计公司，2004年成立于美国。经过近十年磨砺，KAS已经发展成为包括旧金山、深圳及北京三个办公室，超过80人的国际化专业团队，来自美国、法国、英国、澳大利亚、菲律宾、意大利、日本、保加利亚以及中国拥有丰富设计经验，并且极具创新意识的众多规划师、建筑师、景观设计师、室内设计师，共同完成了从前期策划、深化方案设计、扩初设计到施工配合各阶段的工作，携手创造出无数得到业主赞赏和市场高度认可的优秀作品。

KAS长期关注中国的城市发展进程，善于结合国家政策，为新城区开发、旧城改造、旅游景区开发等提供策划、规划、建筑、景观及室内设计等全方位的解决方案。公司一直致力于多专业一体化设计的融合与探索，为客户提供完善的解决方案。我们认为一个好的作品，是融合各个专业领域，进行整体的、跨学科的一体化设计的结果。

KAS秉承"创意人居、筑梦天下"的理念，用"国际化的视野"和"敏感的专业洞察力"铸就了一个又一个经典，至今已与万科、星河、金地、富力、保利、卓越、京基、金融街、利海、富春东方、盛高置地、珠江投资、鸿荣源等著名的房地产开发商合作完成了国内外数百个优秀的作品。

VANKE · SEA HOUSE, HAIKOU

海口万科·浪琴湾

项目业主：万科企业股份有限公司
建设地点：海南 海口
建筑功能：低密度居住区
用地面积：115 500平方米
建筑面积：57 700平方米
设计时间：2006年
项目状态：建成
设计单位：深圳凯斯筑景设计有限公司
设计团队：程权、罗皓、李化、蔡虹、黄婷

万科"浪琴湾国际度假村"位于海口西海岸，滨海大道以北，处于海口市规划滨海旅游休闲度假区域。规划用地内有可开发利用的温泉，还有河水流淌而过。

在建筑设计上，我们采取回归自然主义的理性表达，以简约、洗练、纯粹的实用主义风格，配合浪漫雅致的东南亚元素，营造了"梳理阳光"的热带风情。缓坡的屋顶造型、较深的立面挑檐和出挑的斜撑，丰富了立面的进退关系，创造了斑驳的光影效果，同时增加了立面的层级感。

CHINA COMMUNICATIONS CONSTRUCTION · C VALLEY, TIANJIN

天津中交·C谷

项目业主：天津港湾置业有限公司
建设地点：天津
建筑功能：甲级高层办公楼、SOHO办公、独栋办公
用地面积：104 100平方米
建筑面积：191 800平方米
设计时间：2012年
项目状态：在建
设计单位：深圳凯斯筑景设计有限公司
设计团队：程权、蔡虹、李俊、黎强、罗小艳

方案以"海立方"为设计理念，密切结合周边环境，彰显其鲜明个性。功能多元化，集社交、休闲、娱乐于一体，金融、商业、居住综合开发。设计打破传统内向型办公商业模式，从场地布局到多功能开发，再到植被筛选，乃至建筑用材均以环保和生态理念为设计原则基点，旨在营造亲海、优雅、前卫的新都市滨海活力空间。

CHINA (ZHENGZHOU) INTERNATIONAL HOTEL BIETET DIE EXPO CENTER

中国（郑州）国际酒店用品博览中心

项目业主：河南广运置业集团有限公司　　建设地点：河南 郑州
建筑功能：甲级高层办公楼、SOHO办公、商业街区　　用地面积：21 347平方米
建筑面积：150 230平方米　　设计时间：2014年
项目状态：设计　　设计单位：深圳凯斯筑景设计有限公司
设计团队：程权、曾新、Peppe、Miki、朱才华

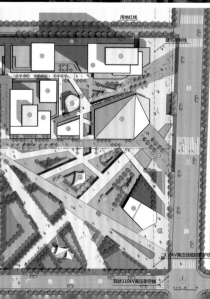

项目位于郑州市金水区经三路商务片区，是郑州市写字楼起步时期的代表性区域，也是目前郑州市、中高端写字楼的主要分布区域，区域内完善的商务配套设施和便捷的交通体系，使其成为郑州市商务市场的重要组成部分，也是市场需求最旺盛的区域之一。

项目通过与基地地形的充分融合，打造多首层的商业界面，充分把商业界面最大化，增强商业曝光度，为未来塑造区域休闲商业娱乐中心奠定了坚实的基础。

L'SEA · YANMING LAKE RESORT HOTEL, ZHENGZHOU

郑州利海·雁鸣湖度假酒店

项目业主：广东利海集团有限公司　　建设地点：河南 郑州
建筑功能：五星级旅游度假酒店　　　用地面积：33 397平方米
建筑面积：25 349平方米　　　　　　设计时间：2010年
项目状态：在建　　　　　　　　　　设计单位：深圳凯斯筑景设计有限公司
设计团队：程权、罗皓、黄海波、鄞平顺、黄训、郭志峰

项目位于郑州中牟雁鸣湖生态风景区，南临雁鸣湖，东侧为体育公园。中牟雁鸣湖生态风景区将被打造为国家4A级风景区，是郑州市文化旅游产业跨越式发展二十个重点工程项目之一。

该温泉酒店分为酒店区和温泉区两个片区。酒店区含酒店主体及温泉别墅区，温泉别墅区与酒店主体之间的分区布局，使其既享受酒店的服务，又相对独立。温泉区包含水疗中心及室外温泉泡池，可直接对外经营，也可作为酒店的配套休闲服务。

日清设计
La Cime INTERNATIONALE PTE LTD

程虎

职务：董事/副总建筑师
职称：国家一级注册建筑师

教育背景
1993年—1998年　天津大学建筑系/建筑学/学士

工作经历
1998年—2000年　上海中房建筑设计院
2000年—2004年　上海建筑设计院
2004年至今　　　上海日清建筑设计有限公司
　　　　　　　　上海日源建筑设计事务所/董事、副总建筑师

　　1998年，在天津大学建筑系完成5年的建筑学专业的学习后，程虎建筑师来到上海，在传统的综合性建筑设计院开始了自己的建筑设计工作。虽然接触的项目类型各式各样，但还是更为关注当时尚处于早期的中国地产公司的项目，并开始学习运用地产商的思维和眼光看待建筑设计过程，设计完成了上海兆丰嘉园和中海海悦花园（获得上海优秀住宅银奖），投标并中标完成了武警上海总队办公大楼项目。

　　2004年底，程虎离开了设计院，加盟了国内顶尖的民营设计公司——上海日清建筑设计有限公司，并且成为公司的主要合伙人和董事副总建筑师，在新的工作思维和创作环境下，他彻底成为了一名地产建筑师。他的创作范围主要是居住建筑、商业建筑以及包括酒店、办公在内的城市综合体，合作的业主也基本上是国内的主流地产开发商。

　　2005年至今，程虎先生主持设计并建成了30余个各种类型的地产项目。其中的代表作品有2006年完成的昆明实力·上筑（获当年的中国居住创新典范——中国经典示范楼盘）、2008年完成的重庆龙湖郦江、2010年完成的龙湖东桥郡、2011年建成的杭州朗诗·美丽洲（获第六届金盘奖的最佳别墅奖）、2012年—2013年完成的苏州九龙仓碧堤半岛和昆明中原诺富特酒店、上海嘉宝紫提湾（获第七届上海优秀住宅金奖）。

地址：上海市虹口区吴淞路328号耀江国际广场
电话：021-60721338
传真：021-60721330
网址：www.lacime-sh.com
电子邮箱：business@lacime-sh.com

　　上海日清建筑设计有限公司和上海日源建筑设计事务所（建筑设计甲级资质）的前身是上海日建建筑设计有限公司。

　　从1997年开始，公司一直以项目公司的形式在上海承接建筑设计工程，1999年，正式注册成为一家从事建筑和土木设计与监理、城市规划及与此相关的调查计划咨询等业务的综合性设计咨询机构。

　　长期以来本公司秉承境外机构的优秀传统，始终坚持独立创新的原则，立足"设计至上"的根本宗旨，致力于反映时代特征的新技术与新材料的运用，并以此为契机，将文化的概念反映到设计作品中，试图体现文化脉络的传承，彰显时代的特征。

　　日清设计自成立以来，积极参与国内外众多大型项目的设计，并积极实践完成了其中的大部分。在设计的管理过程中，公司传承原境外公司的管理模式，积极参与到施工的安装设计管理过程中，关注建筑的最终建成效果。10多年来，日清设计先后获得境内外众多大型地产公司的认可，和万科、龙湖、金地、华润、嘉宝、仁恒、朗诗、九龙仓、新鸿基、大华等大型集团公司在多方面积极合作，开发了众多大型项目，也在业界赢得了良好的口碑和信誉。目前，建成住宅项目约1 000万平方米，公共建筑约200万平方米，所涉及的文化教育、商业、金融、居住、工业等多领域的建筑设计工作，在国内多次获得多级别的设计奖项。希望通过自身不懈的努力与研究，依靠已有的经验与积累，使公司能够更好地为客户提供专业性的服务，为中国广大城市的建设及土地规划贡献力量。

JIABAO PURPLE GRAPE BAY

嘉宝紫提湾

项目业主：上海嘉宝实业（集团）股份有限公司
建设地点：上海
建筑功能：住宅
用地面积：121 162平方米
建筑面积：187 414平方米
容 积 率：1.54
设计时间：2008年
项目状态：建成
设计单位：上海日清建筑设计有限公司
设计团队：程虎、曹立罡、杜林霄、威巍

　　项目位于上海市嘉定区马陆镇的水乡之上，由两个地块组成，设计将中间的道路做完全景观处理，调整了地块内的水系，将道路两边的容积率做了平衡，创造出两种截然不同的居住模式，立面处理上将"草原式"风格进行简化，融入到立面设计中，两个会所的设计采用了非常现代的体块碰撞处理，将不同材质的肌理表理和光影效果融会在一起，形成特别的视觉感受。

LANDSEA · BEAUTIFUL ISLAND

朗诗·美丽洲

项目业主：朗诗集团股份有限公司
建设地点：浙江 杭州
建筑功能：住宅
用地面积：30 807平方米
建筑面积：24 645平方米
容 积 率：0.8
设计时间：2010年
项目状态：建成
设计单位：上海日清建筑设计有限公司
设计团队：程庹、宋凌燕、周嘉靓、张政祎

项目位于景色迷人的良渚风景区内。设计难点在于在一个西高东低的山地上建造出容积率为0.8的全低层社区。方案根据山势安排了两种产品：在相对平坦的区域建成并联的双拼住宅，山坡上放置了逐个升高的排屋。通过对端套户型的特殊设计，使得整个项目在极不规则的用地红线内获得最大的容积率。由于项目位于良渚且与良渚博物馆仅一路之隔，在立面手法上采用块状现代风格，材料选用了与良渚博物馆肌理相似的西班牙砂岩。入口处小会所的设计是在一个深色圆盘上架了两个方块，地面用砂石铺满，通过建筑的切削和相互的对景，用现代语言阐释了东方的禅意。

WHARF
HOLDINGS ·
BELLAGIO

九龙仓·碧堤半岛

项目业主：九龙仓置业有限公司
建设地点：江苏 苏州
建筑功能：住宅
用地面积：112 310平方米
建筑面积：168 465平方米
容 积 率：1.5
设计时间：2011年
项目状态：建成
设计单位：上海日清建筑设计有限公司
设计团队：程虎、周宇、李贵云、吴勇

　　项目位于苏州尹山湖西侧，两面临水，但地形极不规则，总体规划把三种不同的住宅形式、不同的对位关系进行统一。在临湖一侧特意留出很大的空间放置了一个会所，并且组织了公共绿化和广场，形成入口处的公共空间，这样项目在面湖一侧也就具有了良好的城市界面。立面采用乔治亚式风格，用砖纹和山花、铁艺栏杆来增添居住气息。

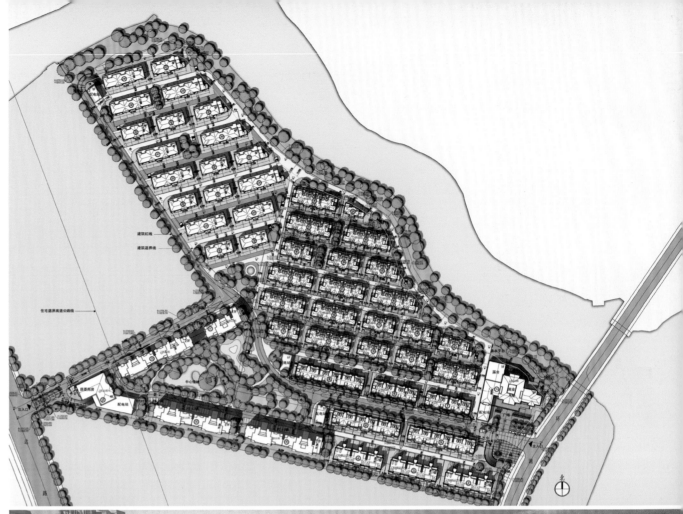

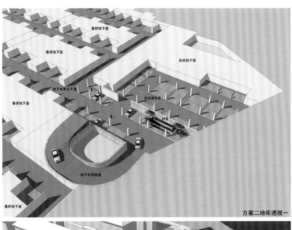

方案二地库透视一

方案二鸟瞰图一

CHONGQING LONGFOR · LI RIVER

重庆龙湖·郦江

项目业主：龙湖地产有限公司　　　建设地点：重庆
建筑功能：住宅　　　　　　　　　用地面积：111 800平方米
建筑面积：335 300平方米　　　　　容 积 率：3.0
设计时间：2007年　　　　　　　　项目状态：建成
设计单位：上海日清建筑设计有限公司　设计团队：程虎、宋凌燕、杜林霄、曹立罡

　　项目地块位于重庆市南岸区南滨路，北临大佛寺大桥，西瞰长江，是一块东高西低的坡地。设计在面江的一块相对平坦的用地上放置了多层合院、并在主入口处利用各种形状的小商业建筑创造入口的气氛。在北、东、南三侧放置了高层住宅，使得尽可能多的住户享有江景视线，立面上采用现代建筑语言，将各种肌理的体块和线条相互穿插，既延展了住户的居住空间，又丰富了立面的光影效果。

总平面图 1：500

ARCHITECTS

褚冬竹

工学博士，重庆大学建筑城规学院教授，博士生导师，院长助理，学院青年学术委员会主任，建筑学实验教学中心参数化设计实验室主任，Lab.C.[architecture]工作室主持建筑师，国家一级注册建筑师，中国建筑学会会员，中国建筑学会建筑师分会建筑理论与创作委员会委员，重庆市城市规划学会会员，重庆市建设工程勘察设计专家咨询委员会专家，《新建筑》杂志特约编辑，《西部人居环境学刊》通讯编委。

褚冬竹曾作为访问学者在加拿大多伦多大学、荷兰代尔夫特理工大学、法国拉维莱特建筑学院等境外高校进行教学与科研工作，并在加拿大KPMB建筑事务所、荷兰Claus en Kaan建筑事务所从事建筑设计工作；曾获"中国建筑学会青年建筑师奖""UIA国际建筑设计竞赛亚太区奖""Canadian Architect Award of Excellence"以及多个省部级设计奖项；主持国家自然科学基金等多项科研课题；现已出版《开始设计》《荷兰的密码》等著作及论文数十篇；目前致力于建筑设计过程、可持续建筑设计理论与方法、轨道交通介入下的高密度城市空间适应机制等领域的研究与设计实践。

Lab.C.[ARCHITECTURE]
Living architecture booming City

Lab.C.[architecture]工作室（简称"Lab.C."）是一个以建筑设计与研究为核心工作的专业团队，于2009年由褚冬竹教授在荷兰发起成立，旨在从更深更广层面上展开对城市、建筑诸多问题的研究与实践。工作室与多名境内外建筑师保持密切良好的合作交流机制，目前在国内主要以重庆为基地展开工作。

Lab.C.的全称为"Living architecture (in) booming City"，即"快速发展城市中富有生命与活力的建筑学"。它是一个关于"城市"与"建造"的设计实验室（Lab），"C"不仅是"City"（城市），也可视为"Construction"（建造）、"Connection"（联系）、"Concept"（概念）、"Culture"（文化）或"China"（中国）。这样的多义性强调了Lab.C.对建筑学综合性的理解：它既以建筑学研究与实践为根本目的而存在，又强烈关联着城市中社会、文化等诉求，更强调设计观念的重要性。工作室坚信，没有孤立于其他要素而存在的建筑物，更没有无视关联而单独发展的建筑学。

地址：重庆市沙坪坝区重庆大学建筑城规学院
电话：023-65449638
邮箱：labc@vip.163.com
网址：labcarch.com

CHONGQING UNIVERSITY HUXI CAMPUS "LIXIN CENTER"

重庆大学虎溪校区 "立新楼"

项目业主：重庆大学
设计时间：2014年10月
用地面积：37 050平方米

建设地点：重庆
项目状态：方案设计
建筑面积：121 186平方米

项目功能：教学、办公、博物馆、会议厅

设计团队：褚冬竹、马可、许琦伟、曾渝京、王瑞、李祖钰、赵紫晔、万骁骁、张雅韵、丁洪亚、黎柔含

2014年，重庆大学杰出校友唐立新先生向母校捐资兴建综合大楼，即"立新楼"。基地位于重庆大学虎溪校区东校门西北侧空地，轮廓方整，紧靠校园主轴线，东临大学城中路，西临第一实验楼和物理学院，西北侧为运动场。一条东西向校内道路横穿基地，将地块划分为南北两部分。设计以"鼎立重庆"为核心理念，以中国方鼎为形象基础，高度抽象出器宇方正、端庄鼎立的空间整体形象，将当代重庆大学兴盛发展的态势用建筑语言转译传达，以壮丽建筑诠释新世纪的中国大学内涵。

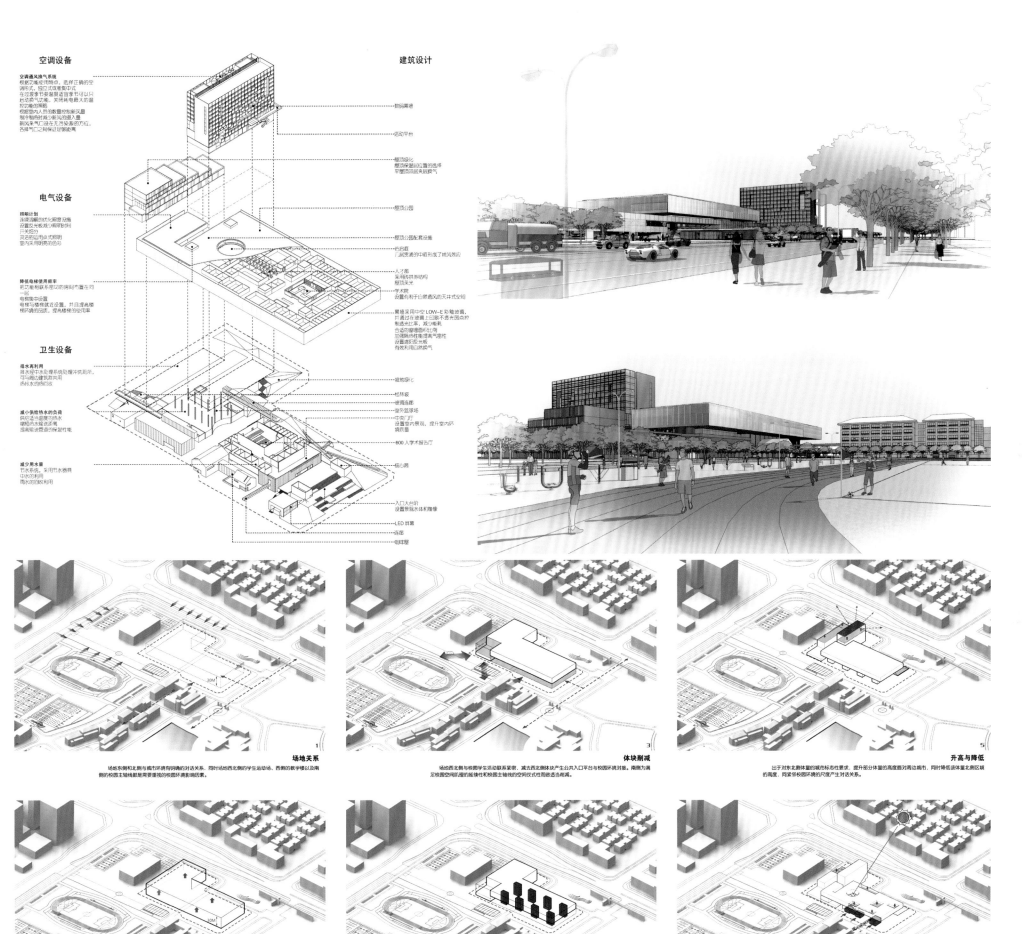

BUILDINGS IN ENTRANCE AREA OF HUAYING MOUNTAIN TOURISM ZONE, GUANG'AN, SICHUAN

四川广安华蓥山旅游区高登山片区入口区建筑

项目业主：重庆正达旅游开发有限公司　　建设地点：四川 广安
建筑功能：商业、服务、酒店　　　　　　用地面积：6 900平方米
建筑面积：精品酒店17 901平方米　服务+商业4 880平方米
设计时间：2014年08月　　　　　　　　项目状态：方案设计
设计单位：Lab.C.[architecture]工作室　合作设计：重庆浩丰设计集团
设计团队：褚冬竹、马可、万骁骁、王瑞

　　设计旨在建立一处与自然共生的现代建筑。结合地形特点将停车、商业、票务组织为一个线性发展的空间。

平面图

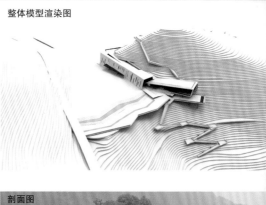

整体模型渲染图

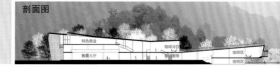

剖面图

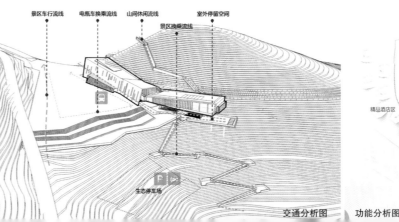

交通分析图　　功能分析图

INDUSTRIAL MUSEUM, CHONGQING

重庆工业博物馆

项目业主：重庆市大渡口区政府
建筑功能：博物馆
建筑面积：10 110平方米
项目状态：方案设计
设计团队：褚冬竹、高澍、林雁宇、马可、许琦伟、李祖钰

建设地点：重庆
用地面积：10 822平方米
设计时间：2013年12月
设计单位：Lab.C.[architecture]工作室

　　设计选址于重庆市大渡口区环湖滨路。重庆市大渡口区是搬迁前的重庆钢铁集团所在地，也是一个多世纪以来整个重庆工业进取、发展的一个重要缩影。
　　设计围绕三个关键词：坚毅、柔和、生态，将重庆工业发展历程及其精神作为设计基石，用昂首向上的红色山形体量象征重庆工业坚韧进取、不屈不挠的精神。设计梳理出重庆近现代工业的发展历程并研究与之契合的建筑空间。整个建筑犹如从红色磐石中升腾出的轻柔祥云，将硬朗坚毅的"重庆工业"性格与柔和清新的"宜居生态"理念有机地结合在一起。

依据建筑所处的特殊城市空间，设计首先思考的是如何将城市、绿地、水体等多个要素整合起来

根据西向、南向宽阔水体的特征，建筑由简洁鲜明的几何体构成，适合较远距离观赏

建筑西北侧为城市公园，建筑通过斜坡缓升的手法最大程度地避免了新建建筑对公园景观的干扰

将北部公众入口广场与公园入口区有机结合，形成整体意义上的城市公共空间

结合"云"的概念，插入一块方整有序的建筑体量，并在布局上尽可能向南设置

将"云"体量的一层向内凹入，为城市开放出更多的广场活动空间

建筑东侧紧临城市道路，为建筑重要立面，植入重钢旧厂房形态，准确表达建筑性质

延续倾斜体量并拔伸烟囱作为博物馆的标志元素，同时利用烟囱效应增加地下层通风效果

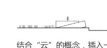

空间意向与设计草图

建筑形体生成分析图

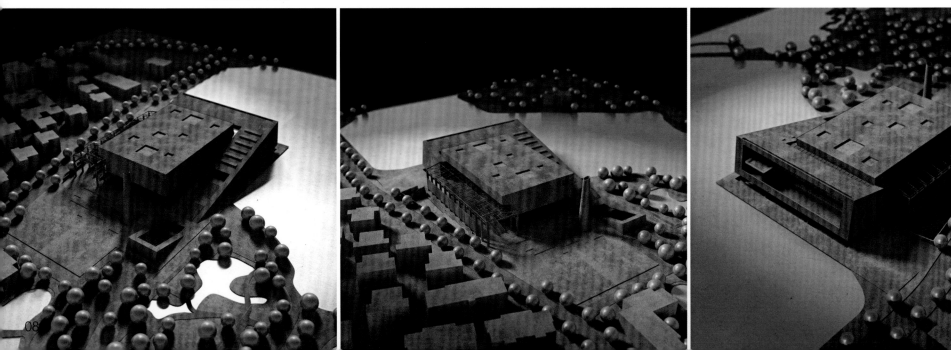

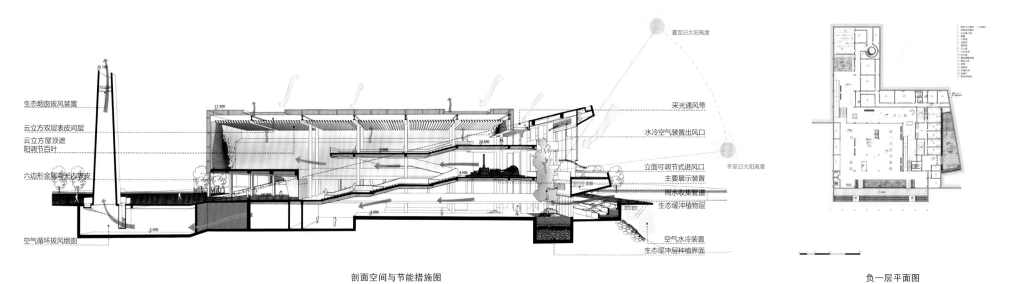

生态烟囱拔风装置
云立方双层表皮间层
云立方屋顶遮阳调节百叶
六边形金属调光内裹皮

空气循环拔风烟囱

17.300
25.700

夏至日太阳高度

采光通风带
水冷空气装置出风口
立面可调节式进风口
主要展示装置
雨水收集管道
生态缓冲植物层
空气水冷装置
生态缓冲层种植界面

冬至日太阳高度

剖面空间与节能措施图

负一层平面图

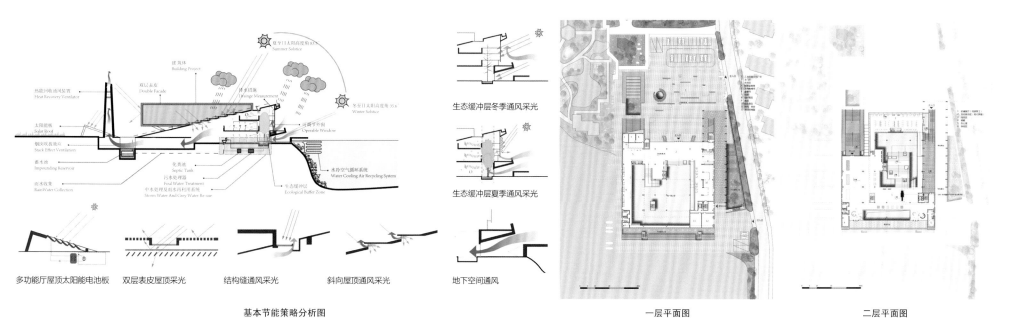

热能回收通风装置
Heat Recovery Ventilator
太阳能板
Solar Roof
烟囱拔风装置
Stack Effect Ventilation
蓄水池
Impounding Reservoir
雨水收集
RainWater Collection

双层表皮
Double Facale
建筑体
Building Project
降水措施
Drainage Measurement

化粪池
Septic Tank
污水处理器
Foul Water Treatment
中水处理是雨水再利用系统
Storm Water And Grey Water Re-use
生态缓冲层
Ecological Buffer Zone

夏至日太阳高度角 83°
Summer Solstice
冬至日太阳高度角 35.6
Winter Solstice
可调节外围
Operable Window

水冷空气循环系统
Water Cooling Air Recycling System

多功能厅屋顶太阳能电池板   双层表皮屋顶采光   结构缝通风采光   斜向屋顶通风采光   地下空间通风

基本节能策略分析图

生态缓冲层冬季通风采光

生态缓冲层夏季通风采光

一层平面图

二层平面图

CQIM
重庆工业博物馆

曹伟

出生年月：1972年04月
职　　务：副总建筑师/方案创作所所长
职　　称：国家一级注册建筑师

教育背景
1993年07月　东南大学/建筑学院/建筑系/学士
1996年04月　东南大学/建筑学院/建筑系/硕士

工作经历
1996年至今　东南大学建筑设计研究院有限公司

个人荣誉
江苏省首届优秀青年建筑师
2008年中国建筑学会青年建筑师奖
2012年江苏省优秀勘察设计师

高庆辉

出生年月：1973年12月
职　　务：副总建筑师/副所长
职　　称：国家一级注册建筑师/高级建筑师

教育背景
1997年—2000年　东南大学/建筑学院/建筑系/硕士
2000年—2006年　东南大学/建筑学院/建筑系/博士

工作经历
2000年至今　东南大学建筑设计研究院有限公司

个人荣誉
2006年中国建筑学会青年建筑师奖

东南大学建筑设计研究院有限公司
ARCHITECTS & ENGINEERS CO., LTD OF SOUTHEAST UNIVERSITY

地址：南京市四牌楼2号
电话：025-83793178
传真：025-57713341
网址：adri.seu.edu.cn
邮箱：ad@adriseu.com

　　东南大学建筑设计研究院有限公司前身为东南大学建筑设计研究院，始建于1965年，隶属国家教育部、东南大学领导，是国内一流的建筑设计院之一。

　　目前，全公司共有550人，其中具有中、高级技术职称人员295人，国家一级注册建筑师75人，一级注册结构工程师48人，其他注册工程师等90余人。持有建筑工程设计（甲级），文物保护工程勘察设计（甲级），风景园林工程设计（专项甲级），公路工程设计（专业甲级），市政工程（道路工程、桥梁工程、城市隧道工程）设计（专业甲级），市政工程（热力工程、环境卫生工程）设计（专业乙级），电力行业（新能源发电、变电工程、火车发电）专业乙级，特种设备设计（压力管道），工程咨询（甲级）资质。

　　公司以"精心设计，勇于创新，讲究信誉，优质服务，持续改进，顾客满意"为质量方针，以"ISO 9001:2008"标准为管理体系，取得了很好的信誉和社会效益。在历届国家和部委、省、市的优秀设计评选中，取得了优异的成绩，先后荣获省部级优秀设计奖400多项，2008、2010和2012年都获得"江苏省勘察设计企业综合实力排序"第一名。

　　公司的企业精神是"始于点划，止于至善"，全体员工在工作实践中积极创新、追求卓越，努力使客户更满意，让世界更精彩。

JINLING LIBRARY

金陵图书馆新馆

项目业主：金陵图书馆
建设地点：江苏 南京
建筑功能：图书馆
用地面积：34 859平方米
建筑面积：25 000平方米
设计时间：2005年05月—2007年09月
项目状态：建成
设计单位：东南大学建筑设计研究院有限公司

意：以地域特有的雨花石为契入点，以作为中华民族独特文化结晶的玉石为升华，凸显知识的力量，琢石成玉。

形：散于草坡，自然、质朴、裸露的雨花石(360人报告厅)与浮于草坡之上精心雕琢圆润的玉（主体阅览空间）因材质，材色，体量的对比带来强烈的视觉震撼与冲击。

境：整合的绿化覆土草坡在突显玉石的主体形象的同时，又更好地与周围环境融合，草坡周边的倒影水池，使建筑成为摒弃城市喧哗的知识圣殿与净土，可以想象人们徘徊于这种蕴含着传统文化的建筑空间内，不但获得了知识的力量，精神世界也得到了净化和升华。

NANJING GEOLOGICAL MUSEUM

南京地质博物馆新馆

项目业主：江苏省地质调查研究院
建设地点：江苏 南京
建筑功能：博物馆、办公
用地面积：7 200平方米
建筑面积：27 000平方米
设计时间：2007年01月—2007年09月
项目状态：建成
设计单位：东南大学建筑设计研究院有限公司

新与老：新馆入口通过大尺度的架空和悬挑，形成长60米、宽10米、高度近10米的L形巨大灰空间，在局促用地条件下创造了大尺度积极的具有场所感的开放的入口广场空间，实现内外部空间的流动，同时缓解因用地紧张而造成的建筑体量对周边的侵略感。无论是在灰空间下还是在灰空间与展厅之间的庭院中，老馆仍将是整个空间的焦点和对景。

形式与功能：新馆形体和功能中的核心空间是30m×20m×18m的恐龙主展厅。围绕这一核心空间，在形体和空间组织时采用了"叠""挖""绕""透"等一系列设计操作，形成了基于场地环境和内部功能逻辑而又清晰的形体构成，同时也获得丰富、有趣、交融的内外部空间。

地质元素：立面石材自下而上，由粗糙的劈离面向细腻的水洗面渐变，横向通过深浅两种石材的宽窄、错缝排列和凹凸进退来模拟地质断面的横向断层。

ZHEJIANG CHANGXING GRAND THEATER

浙江长兴大剧院

项目业主：浙江省长兴县永兴建设开发有限公司
建设地点：浙江 长兴
建筑功能：剧场、表演
用地面积：32 000平方米
建筑面积：16 172平方米
设计时间：2002年07月—2003年03月
项目状态：建成
设计单位：东南大学建筑设计研究院有限公司
获奖情况：第五届中国建筑学会建筑创作优秀奖
　　　　　2008年全国优秀工程勘察设计行业奖建筑工程二等奖
　　　　　2007年教育部优秀建筑设计一等奖

浙江长兴大剧院是一座将现代性、地域性以及公共性有机结合的建筑，设计始于一片天然河道与池塘星罗棋布、公园与绿地交织的江南水乡田园地景上，主要包括1 200座位的大剧场、1 000平方米的小剧场以及电影厅等空间。建筑总体布局采用南北分区、中部设置庭院的方式，将北侧的大剧场与南侧的电影厅、小剧场两部分功能相对独立开放，而中部架空的半室外大平台又将两者联系在一起。设计通过建筑形体的塑造、建筑材料的合理搭配、建筑细部的精致刻画以及自然光线的引入等室内外空间的艺术创作手法，创造出一处现代大气、品质高雅、环境优美的空间场所。

PROJECT PHASE I & II OF SUZHOU RESEARCH INSTITUTE OF SOUTHEAST UNIVERSITY

东南大学苏州研究院一、二期工程

项目业主：苏州工业园区教育发展投资有限公司
建设地点：江苏 苏州
建筑功能：教育、研发
用地面积：66 667平方米
建筑面积：61 633平方米
设计时间：2007年08月—2008年06月
项目状态：建成
设计单位：东南大学建筑设计研究院有限公司
一期工程获奖情况：
第六届中国建筑学会建筑创作优秀奖
2011年全国优秀工程勘察设计行业奖建筑工程二等奖
2010年江苏省第十四届优秀工程设计一等奖
2010年南京市优秀工程设计一等奖
2010年江苏省城乡建设系统优秀勘察设计一等奖

二期工程获奖情况：
2013年中国建筑学会中国建筑设计奖银奖
2011年全国优秀工程勘察设计行业奖建筑工程三等奖
2011年教育部优秀建筑工程设计二等奖

东南大学苏州研究院坐落于新老苏州交界处、独墅湖岸边的高教园区内，由教学、实验、办公等八幢建筑组成。设计采用营造一处既有着老城"小苏州"清雅的院落意境，又不乏当代教育建筑明朗化气息的场所这一思路：北侧建筑平行于道路布置形成一个水平向延伸的城市界面，营造出所谓"大苏州"的形象气质；而内部则通过设置庭院、游廊等小尺度要素，创造出所谓"小苏州"曲径通幽的空间氛围来。"大""小"苏州的另外一个联系是建筑形象。利用造价低廉但不失韵味的白色与灰色涂料涂刷外墙，使人不由自主地将其与粉墙黛瓦的老苏州房子联系起来。部分外墙在进深方向上的变化"制造"出一系列有趣的半室外空间，或形成凹室，或凸成挑台，或形成空中边院，漫步其间，步移景异，似乎总能找到"借景""游廊""亭榭""檐下""美人靠"等苏州园林的要素。

丁顺

出生年月：1982年01月
职　　务：创作中心主任助理、高级主创建筑师
职　　称：国家一级注册建筑师

教育背景
2005年—2008年　东南大学/建筑系/硕士

工作经历
2008年至今　上海现代建筑设计（集团）有限公司现代都市建筑设计院

主要设计作品

黄山太平湖渔业研究及服务中心	2013年	办公建筑	14 000平方米	主创
福建龙岩太阳广场	2013年	综合建筑	278 000平方米	主创
深圳市坪山新区文化聚落	2013年	文化建筑	85 000平方米	主创
三峡珍稀鱼类保育中心	2012年	科研建筑	75 000平方米	建筑专业负责人、主创
嘉定能源再生中心	2012年	市政建筑	25 000平方米	主创
虹口区海门路55号地块	2012年	综合建筑	240 000平方米	主创
三峡博物馆	2011年	展览建筑	15 000平方米	主创
兴华教育培训中心改扩建	2011年	教育建筑	7 000平方米	建筑专业负责人、主创
沙坪坝铁路枢纽综合改造工程	2011年	综合建筑	500 000平方米	主创
拙政别墅	2010年	住宅建筑	25 000平方米	主创
外滩国际金融中心	2010年	综合建筑	200 000平方米	主创
南桥新城07单元德丰路小学	2010年	教育建筑	15 000平方米	主创
重庆协信五星级酒店	2010年	酒店建筑	85 000平方米	主创
江苏靖江职业技术学院	2010年	教育建筑	160 000平方米	主创
西安路易山庄	2009年	住宅建筑	7 500平方米	主创
建湖行政中心	2009年	办公建筑	27 000平方米	主创

学术研究

杂谈：库哈斯的三个建筑（现代建筑技术，2013（3），第一作者）
精品酒店专题研究成果报告（建筑创作，2011（5），上海东方商旅酒店研究部分，第一作者）
基于BIM技术的创新思维（建筑技艺，2011（1—2），第一作者）
迷楼：南京南捕厅企业会所设计（建筑创作，2010（4），第二作者）
空间垂直叠合的当代表现（建筑师，2009（6），第二作者）
句法点的视觉可达性分析与寻路行为（建筑与文化，2008（5），第一作者）
空间构形的内在可读性与寻路设计（现代城市研究，2008（9），第一作者）

公司：上海现代建筑设计（集团）有限公司现代都市建筑设计院
地址：上海市恒丰路329号18楼
邮编：200070
电话：021-62537683/62539253
传真：021-62560603
网址：www.udud.cn

现代都市建筑设计院（简称：现代都市院或XD-AD）是上海现代建筑设计（集团）有限公司旗下核心品牌设计公司，拥有建筑、结构、机电专业的资深设计师及设计精英1 000余名；其中包括177名国家注册建筑师及注册工程师，各专业技术人员占88%，高级工程师职称占23%。

现代都市院以建筑设计为主业，在商业建筑、文化建筑、住宅建筑、医疗建筑、教育建筑、物流建筑、观演建筑、体育建筑、工业及科研建筑等多项领域有着卓越的成就。同时，在建筑设计模型、绿色节能建筑、智能化建筑、建筑保护和利用、建筑幕墙、复杂结构、建筑声学等方面有着丰富的工程实践和专业经验。

倡导原创精神和服务优先是现代都市院的企业文化和价值观。在不断更新的现代企业管理影响下，现代都市院数年的业绩发展获得了广泛的社会认可。

FOURTH GORGE · LAND ART

第四峡·大地艺术 ——长江三峡珍稀鱼类保育中心

项目业主：长江三峡水利枢纽局
建设地点：湖北 宜昌
建筑功能：科研建筑
用地面积：260 000平方米
建筑面积：45 000平方米
设计时间：2012年03月
项目状态：在建
设计单位：上海现代建筑设计（集团）有限公司现代都市建筑设计院
主创设计：丁顺
获奖情况：2013年香港建筑师学会两岸四地建筑设计大奖卓越奖
2013年第五届上海市建筑学会建筑创作奖评选佳作奖
2013年度现代建筑设计集团·建筑原创作品评选优秀奖

面对三峡大坝，任何建筑行为都显得多余，三峡珍稀鱼类保育中心以谦逊的姿态采用地景建筑的方式来设计。

建筑在场地中与等高线契合，自然形成折线，沿湖面最大程度地舒展开来，同时与基地山体之间围合形成个性迥异的院落空间。建筑如同浮岛般抬起，越过城市道路，远眺湖面。建筑下方设置镜湖，其中倒影漂浮于水面之上，其后隐约透出秀美山林。

建筑与绵延起伏的远山浑然一体，共同营造层峦叠嶂之景。建筑体量局部消减，形成景窗般的框景，景的主体则是背后延绵的群山、葱郁的山林、林间四季的风情……

设计的每个要素都来自山水自然，方案再现并升华了水墨意境。在此，设计融于自然，与群山静湖互为景致，最终形成山中山、水中水、岛中岛。

MOUNTAIN PEAKS · FLOATING ISLAND

山峦叠嶂·浮岛 ——黄山太平湖渔业研究基地及服务中心

项目业主：宇仁投资（集团）股份有限公司
建设地点：安徽 黄山
建筑功能：办公、酒店建筑
用地面积：7 800平方米
建筑面积：14 000平方米
设计时间：2013年12月
项目状态：方案
设计单位：上海现代建筑设计（集团）有限公司现代都市建筑设计院
主创设计：丁顺

RECONSTRUCTION OF NATURE · YOU HAVE AN UNPRECEDENTED GIANT ARTIFICIAL LANDSCAPE

自然的重构·一座你从未见过的巨型人造地景 ——嘉定再生能源利用中心

项目业主：上海市嘉定区环保局
建设地点：上海
建筑功能：市政建筑
用地面积：70 000平方米
建筑面积：20 000平方米
设计时间：2012年03月
项目状态：方案
设计单位：上海现代建筑设计（集团）有限公司现代都市建筑设计院
主创设计：丁顺
获奖情况：2012年上海青年建筑设计师"金创奖"创意大赛三等奖
　　　　　2013年现代建筑设计集团"现代杯"建筑原创作品评选佳作奖

自然的重构
冰与火同体
工业与自然的精妙合一
人文和艺术乐生于此
一座你从未见过的巨型人造地景

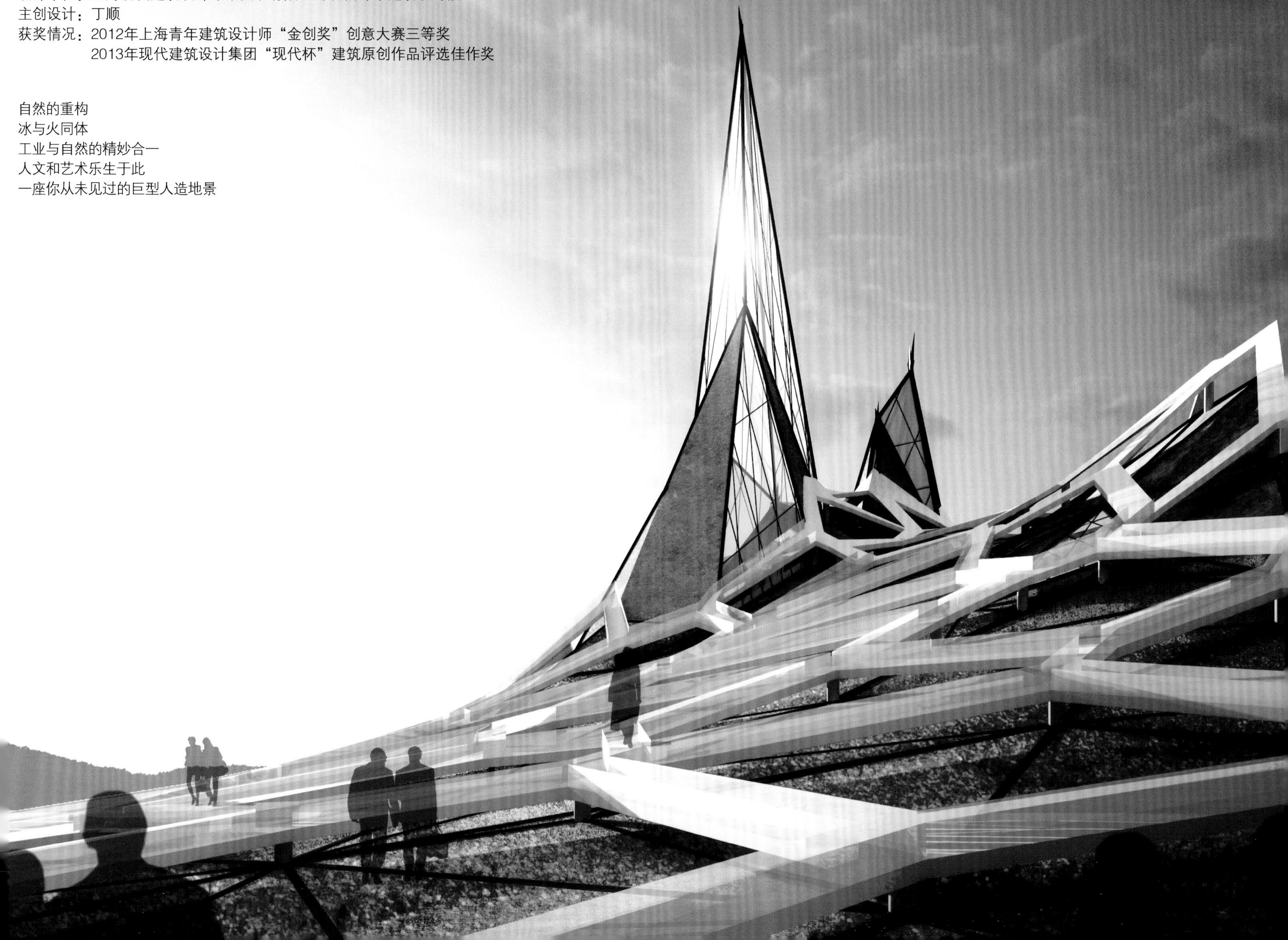

RESHAPE THE TRADITION · COURTYARD

重塑传统 · 深宅大院 ——苏州拙政别墅

项目业主：苏州市赞威置业有限公司　　　　建设地点：江苏 苏州
建筑功能：居住建筑　　　　　　　　　　　用地面积：35 000平方米
建筑面积：42 000平方米　　　　　　　　　设计时间：2010年03月
项目状态：建成　　　　　　　　　　　　　主创设计：丁顺
设计单位：上海现代建筑设计（集团）有限公司现代都市建筑设计院
获奖情况：2012年时代楼盘第七届金盘奖最佳年度中式别墅一等奖

　　设计重塑传统，重塑经典，打破现代建筑的格局，把本来集中的建筑体分散，让园林可以融入建筑之中而不是包裹在建筑的外围，这样便可有游园式的居住体验。走在厅堂、书房、走廊之间便是走在园林之间，移步换景。把围墙变成房子的一部分，将院子分隔开来，重组空间，从而产生深宅大院的感觉。

CREATION UPON RESTRICTIONS · VARIOUS LANDSCAPES

限制中创造 · 步移景异

——上海兴华教育（老年）活动中心改扩建

项目业主：上海市闵行区民政局　　　建设地点：上海

建筑功能：教育培训　　　　　　　　用地面积：12 000平方米

建筑面积：7 800平方米　　　　　　设计时间：2010年7月

项目状态：建成　　　　　　　　　　主创设计：丁顺

设计单位：上海现代建筑设计（集团）有限公司现代都市建筑设计院

获奖情况：2013年第五届上海市建筑学会建筑创作奖评选：佳作奖

　　　　　2013年现代建筑设计集团"现代杯"建筑原创作品评选优秀奖

　　限制中创造：业主要求在不破坏现状环境和建筑的基础上，加建一栋7 000平方米左右的教育培训中心，这意味着留给设计师的场地空间相当有限，"螺丝壳里做道场"，在有限空间中创造无限可能。此外，设计中首先考虑的并不是建筑形象，而是创新地引入中国园林设计理念，先造园，再筑房，将原来比较开放和一览无遗的庭院空间分解成多个主体院落，同时引入曲折的步行系统，将建筑与环境完美地结合在一起，形成一步一景、步移景异的空间效果，增加了建筑空间的趣味性和体验感。

ARTIFICIAL NATURE · IMPRESSION, SHANGHAI

人工自然 · 印象上海 ——上海外滩国际金融中心

项目业主：上海正大置业有限公司
建设地点：上海
建筑功能：城市综合体
用地面积：45 000万平方米
建筑面积：360 000平方米
设计时间：2010年04月
项目状态：方案
设计单位：上海现代建筑设计（集团）有限公司现代都市建筑设计院
主创设计：丁顺
获奖情况：2011年现代建筑设计集团"现代杯"建筑原创作品评选优秀奖

　　设计给了我们陶醉在大自然的山情野趣，暂时逃离都市喧闹、远离城市钢筋水泥森林的机会，让我们能够游离于城市与自然之间，去感受"人工自然"所带来的惊喜。

　　设计精髓根植于传统的"吴文化"，三维立体的"城市山水园"的空间意象亦来源于中国的山水国画，同时又引入了"乌托邦"的建筑表象，在这里设计恰到好处地将这两种文化融会在"山"这一物化形象上，并创造性地表露了"乌托邦"式的设计理想。

　　这座"山"必将成为一篇"史诗"、一段"传奇"。

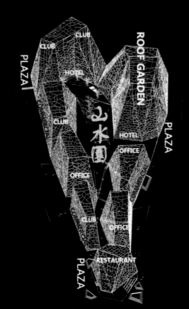
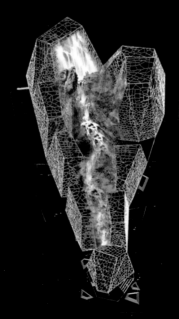
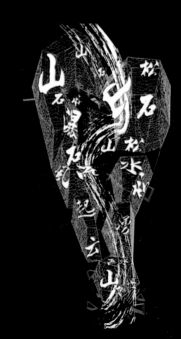

VERTICAL GARDEN CITY · MOUNTAIN CITY OF CHONGQING

垂直花园城市·山城重庆 ——重庆协信大学城五星级酒店

项目业主：重庆协信地产　　　　建设地点：重庆
建筑功能：酒店建筑　　　　　　用地面积：260 000平方米
建筑面积：45 000平方米　　　　设计时间：2010年09月
项目状态：方案　　　　　　　　主创设计：丁顺
设计单位：上海现代建筑设计（集团）有限公司现代都市建筑设计院
获奖情况：2011年现代建筑设计集团"现代杯"建筑原创作品评选佳作奖

杜孝民

职务：总建筑师/执行董事
职称：国家一级注册建筑师/高级工程师

教育背景
1990年—1994年　西安交通大学/建筑系/学士
2003年—2005年　清华大学/建筑系/硕士

工作经历
1994年—1996年　北内集团建筑设计室/建筑师
1996年—2005年　北京市市政工程设计研究总院建筑所/副总建筑师
2005年至今　　　北京构易建筑设计有限公司/总建筑师/执行董事

获奖作品
长春中海南湖1号	荣获：2009年詹天佑奖金奖
国家工商行政管理总局商标档案业务用房	荣获：2012—2013年国家优质工程奖
平安大街建设工程	荣获：建设部部级城乡建设优秀勘察设计奖二等奖
东莞市东江西岸景观工程	荣获：北京市第十三届优秀工程设计评选二等奖
通州区运河西大街改造工程（景观工程）	荣获：北京市第十三届优秀工程设计评选三等奖

韩孟臻

职务：清华大学/建筑学院/信息中心/主任
职称：国家一级注册建筑师

教育背景
1998年07月　东南大学/建筑学/学士
2001年07月　清华大学/建筑学/硕士
2004年09月　日本京都大学/博士

工作经历
2005年03月—2009年12月　清华大学/建筑学院/讲师
2009年12月至今　　　　　清华大学/建筑学院/副教授

获奖作品
郑州大学新校区人文社科组团	荣获：北京市第十三届优秀工程设计三等奖（排名第4）
海南大学第四教学楼	荣获：海南省优秀工程勘察设计奖二等奖（排名第1）

Co+E
Architects & Designers
构易建筑

地址：北京市海淀区清华科技园区创业大厦9层
电话：010-62799029
传真：010-62799030

北京构易建筑设计有限公司（Co+E Architects & Designers Co., LTD，Co+E）前身为中冶–欧伯麦尔设计咨询有限公司，成立于1987年1月，隶属国家冶金部；1993年7月获得国家建设部批准的甲级建筑工程设计资质证书；2000年国家部委机构改革后，划归国务院国资委冶金机关服务中心北京金基业工贸集团；2002年8月更名为北京构易建筑设计有限公司，企业性质为全民所有；2005年8月改制为自然人投资的有限责任公司；2008年11月获得城乡规划编制资质证书。

Co+E经营范围包括城乡规划、建筑工程设计、室内装饰设计、园林景观设计、建筑策划、项目管理和技术咨询服务、工程总承包等领域。

Co+E现在北京设有十个建筑、规划和装修设计工作室，在上海设有分公司。现有设计人员160余人，其中一级注册建筑师、一级注册结构工程师、注册设备及电气工程师、注册城市规划师和中高级专业技术人员占50%以上；全部具有大学以上学历，其中清华大学等知名大学学士、硕士、博士和留学回国人员占50%以上。公司还与清华大学、东南大学、北京交通大学的多位知名教授联盟，并与香港贝铭建筑设计事务所和挪威科技大学、意大利米兰工学院、荷兰Delft大学等开展广泛密切的合作，融合中外建筑界精英力量，形成了原创性、个性化和多元化的设计风格，得到社会的广泛认同和好评。

Co+E自2005年成功改制以来，已承担了武汉凯迪科技园规划、双鸭山市行政中心、中国印刷大厦、国家工商行政管理总局商标大楼、中关村电子城国际电子总部、长白山旅游景区规划及建筑设计、天沐温泉城、南戴河首钢住宅区、北京人民大会堂马连道住宅、北京北苑住宅、北京欢乐谷等工程设计项目150余项，目前已建成面积达数百万平方米。

Co+E为进一步满足顾客要求，加强公司的质量管理，提高公司的质量管理水平，按照ISO 9001:2008标准建立了质量管理体系，将Co+E（Construction（构造）+Ease（容易）、Cosmos（和谐）+Ecology（生态）、Communication（交流）+Economy（经济）等元素融合贯穿于整体设计中，为顾客提供专业水准的设计服务，满足顾客日益提高的要求。

THE TRADEMARK ARCHIVES BUILDING OF THE STATE ADMINISTRATION FOR INDUSTRY AND COMMERCE

国家工商行政管理总局商标档案业务用房

项目业主：国家工商行政管理总局
建设地点：北京
用地面积：16 000平方米
建筑面积：47 967平方米
设计时间：2008年
项目状态：建成
设计单位：北京构易建筑设计有限公司
主创设计：杜孝民、韩孟臻

项目周边的住宅和幼儿园用地对地块的使用形成了苛刻的条件，整个项目建设用地极限容积的分析结果表明：仅有用地西北角的三角地可建至60米高度，主要制约来自东北角常青藤小区的高层塔式住宅。

为提供良好的自然通风条件，建筑师把24米进深的南北向板楼作为预设形体，对其日照影响进行了多方案比较。最终日照分析显示板楼放置在用地居中位置的极限体量大部分达到了60米限高，同时该位置也有利于避开南侧高层建筑的遮挡。为满足功能要求，在高层板楼下增加了4层裙房，形成了"工"字形布局，同时暗示了"工商总局"的"工"字。

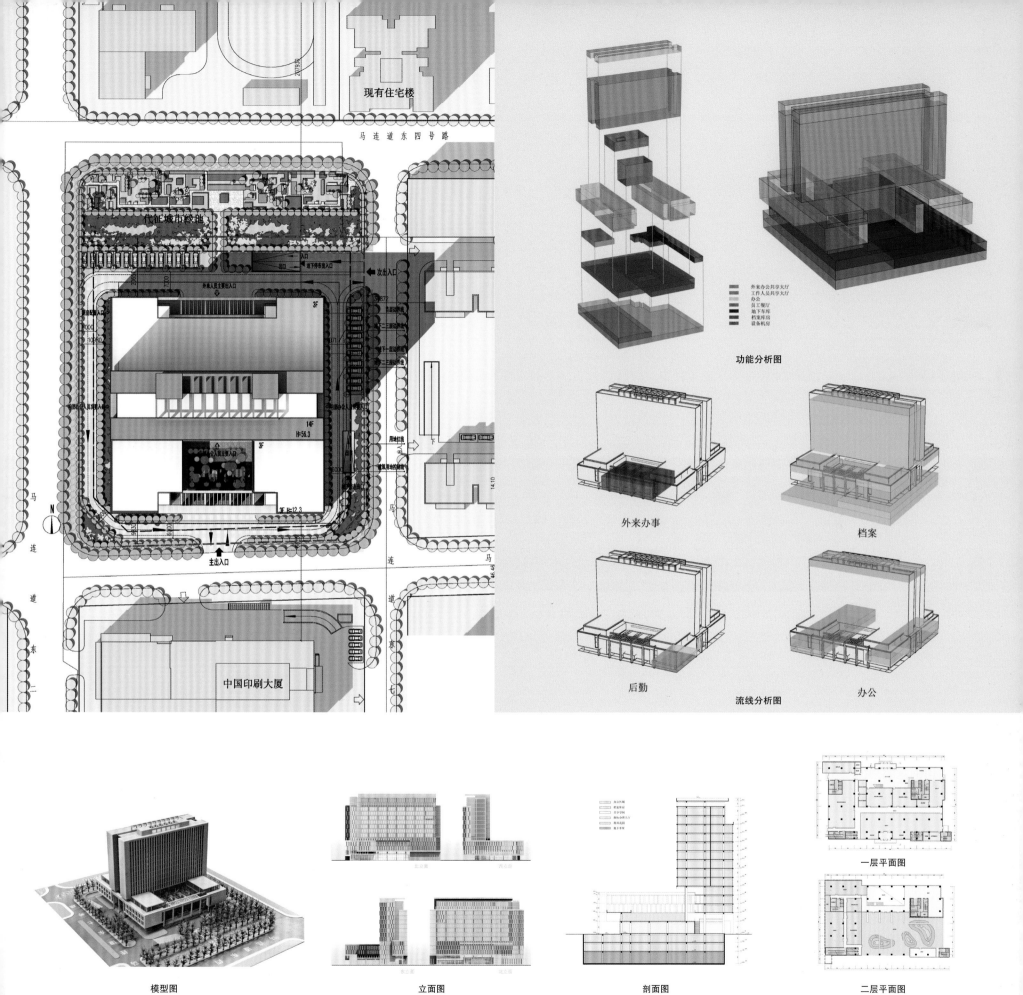

现有住宅楼

马连道东四号路

代征城市绿地

中国印刷大厦

主出入口

功能分析图

外来办事

档案

后勤

流线分析图

办公

模型图

立面图

剖面图

二层平面图

一层平面图

XINJIANG FUKANG THE FIFTH PRIMARY SCHOOL

新疆阜康第五小学

项目业主：阜康市教育和科学技术局
建设地点：新疆 阜康
用地面积：36 893平方米
建筑面积：11 210平方米
容 积 率：0.30
建筑密度：17.69%

绿 化 率：40%
设计时间：2013年11月
项目状态：在建
设计单位：北京构易建筑设计有限公司
主创设计：杜孝民、韩孟臻

规划设计构思如下。

1. 基于儿童心理的构思

小学学制很长，从7岁到13岁儿童身心迅速变化，容易厌倦一成不变的学校环境。建筑师根据不同年级学生的心理特征设计不同的年级空间，将六年时间划分为四个阶段。

一年级学生的心理特征：亲近自然、趣味性、无拘无束、随意性、判断能力不强。

一年级学生的空间需求：独立班级活动场地、领域感。

二年级学生的心理特征：贪玩好动、竞争意识、心理趋向稳定、乐于交往、强烈的集体荣誉感。

二年级学生的空间需求：半封闭活动场地、半开放公共场地、社交性。

三、四年级学生的心理特征：爱与人交往、情绪控制力增强、希望被表扬与鼓励、行为独立性增强、被动学习向主动转变。

三、四年级学生的空间需求：开放性班级空间、公共活动场地、场所感。

五、六年级学生的心理特征：自我意识提高、情绪情感丰富、意志品质独立、易受外界影响、对新奇事物兴趣浓厚。

五、六年级学生的空间需求：学院式公共空间、规矩、向成熟过渡。

2. 以"木"为核心的设计理念，隐喻"十年树木，百年树人"

各个年级组团犹如树木的枝叶，将其串联在一起的长廊是树木的枝干，形成以"木"为核心的规划设计理念。百年树人也是当下学校文化的核心，寓意深刻。

THE HEADQUARTERS OF THE INTERNATIONAL ELECTRONIC ENTERPRISES, ZHONGGUANCUN

中关村电子城国际电子总部

项目业主：北京电子城有限责任公司
建设地点：北京
用地面积：142 000平方米
建筑面积：496 979平方米
设计时间：2008年
项目状态：建成
设计单位：北京构易建筑设计有限公司
主创设计：杜孝民

　　如何创造一个能代表高科技电子产业总部的建筑形象，将高科技的含义壮观地视觉化、物质化是建筑师设计的出发点。建筑师最终选择以电路板的形式来表达设计理念。电路板是最被人熟知，且深入生活的电子产物。它的表面有着繁复曲折却思路清晰的纹理，纹理中又精密地安排了或方或圆大小不一的"电路元件"，这些元素组成了一幅理性、精密的形态构成图，传达着智慧的气质。

　　在我们的理想中，本方案应该有着整体统一的形态，统一中又有着无穷的变化，在震撼的第一观感过后，漫步其中，会惊讶地发现它又有着丰富的层次，仿佛一座有着丰富内涵的壮观城市。

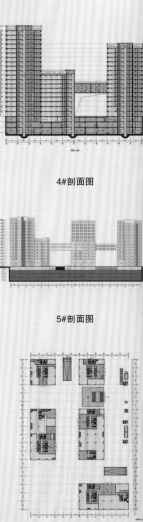

4#剖面图

5#剖面图

4#一层平面图

在设计整合的思考中审美

方晔

出生年月：1976年04月
职　　务：中国联合工程公司/民用工程中心/副主任
　　　　　第三建筑工程设计研究院/院长
职　　称：高级工程师/国家一级注册建筑师

教育背景
1994年—1998年　中国美术学院/环境艺术/学士
2003年—2006年　浙江大学/建筑学/硕士

工作经历
1998年—2003年　中国美术学院风景建筑设计研究院/所长
2006年—2010年　中国联合工程公司第三建筑工程设计研究院/副院长
2010年至今　　　中国联合工程公司第三建筑工程设计研究院/院长

个人荣誉
2013年　中共浙江省委组织部颁发的浙江省优秀科技工作者
2013年　浙江省勘察设计行业协会颁发的评优专家委员会专家
2014年　浙江省勘察设计行业协会颁发的杭州市十佳优秀青年建筑师

获奖情况
2011年　获杭州市建设委员会杭州市成套公共租赁住房套型平面方案设计竞赛（浙江省钱江杯）二等奖
2011年　杭州龙达国际大厦获中国勘察设计协会"创新杯"建筑信息模型（BIM）设计大赛最佳绿色分析应用奖三等奖

主要设计作品
2008年　上海三至喜来登酒店　　　　　（建筑高度150米）
2009年　杭州钱江新城万银国际二期　　（建筑高度200米）
2009年　杭州恒生科技园　　　　　　　（总建筑面积20万平方米）
2010年　无锡世贸中心二期　　　　　　（建筑高度200米）
2011年　浙江海创园首期　　　　　　　（总建筑面积37万平米）
2011年　丽水万地广场　　　　　　　　（总建筑面积50万平米）
2012年　义乌福田银座A、B座　　　　 （建筑高度150米）
2012年　杭州龙达国际大厦　　　　　　（建筑高度265米）
2013年　杭州博地中心　　　　　　　　（建筑高度280米）
2013年　中化泉州石化总部大楼　　　　（建筑高度145米）
2014年　丽水海创大厦　　　　　　　　（总建筑面积7万平方米）
2014年　杭州未来科技城公交枢纽综合体（总建筑面积3万平方米）

地址：浙江杭州滨江区滨安路1060号A座11楼
电话：0571-85391730
传真：0571-85391701
邮编：310052
网址：www.chinacuc.com
邮箱：hux@chinacuc.com

中国联合工程公司（CUC）成立于1953年，是以原机械工业部第二设计研究院为核心，联合机械工业第三设计研究院、机械工业第十一设计研究院（中联西北工程设计研究院）、机械工业勘察设计研究院等多家国家甲级勘察设计单位组建的大型国有科技型工程公司，隶属于中央大型企业集团——中国机械工业集团有限公司，总部设在杭州，在重庆、西安、北京、上海、宁波、厦门等地设有子（分）公司。

民用工程中心是公司最大的建筑设计部门，主要从事大型商业、会展以及高档办公、酒店、住宅小区等工程设计和咨询服务，每年完成数百万平方米的建筑工程设计，承担编制国家和地方行业规范等科研任务。

第三建筑工程设计研究院隶属于中国联合工程公司民用工程中心，拥有以原创方案为核心，以高完成度的各专业配备为保障的优秀设计团队。杭州市十佳优秀青年建筑师——方晔，作为团队的核心人物，率领着一群有追求、有想法、有能力且踏实肯干的技术骨干，活跃于杭州及周边地区的民用建筑市场。2014年团队以"左右间"作为建筑设计子品牌，着重在超高层、总部经济、商业综合体、城市高容积率住宅四个板块精细化发展，设计能力和市场影响力正在快速成长和壮大。

公司可以提供的设计业务范畴：规划、总图、建筑、结构、给排水、暖通、电气、动力、弱电智能化、幕墙、泛光照明、景观、概预算等专业设计服务以及相应的工程技术咨询、经济分析等咨询业务。

ZHEJIANG OVERSEAS HIGH-LEVEL TALENTS INNOVATION PARK (FIRST PHASE)

浙江海创园（首期）

项目业主：杭州余杭创新置业有限公司
建设地点：浙江 杭州
建筑功能：总部办公、商业配套建筑
用地面积：141 388平方米
建筑面积：总建筑面积368 685平方米（地上面积249 576平方米）、
　　　　　地上1~14层、地下1层
建筑高度：6~57米
设计时间：2012年—2013年
项目状态：建成
设计单位：中国联合工程公司第三建筑工程设计研究院

浙江海外高层次人才创新园（简称"浙江海创园"）作为综合型科创建筑群体，设计上被赋予了四个功能意义：①培育孵化功能，建筑拥有在杭州科技园建筑群最大的单层孵化型科研办公，单层面积达5 600平方米，充分考虑海归创业由小及大的企业生态链发展过程；②创新创业功能，设计注重创新展示与交流，设计了大型会展中心、宴会厅等支持园区内企业展示、交流、交易、发布等各项功能；③海归精神领地，园区追求现代与传统、简洁与古朴、硬质与柔质的对比和协调，交流人文空间讲求园林式风景化；④综合型复合功能，注重城市和产业的互动发展，打造集办公、会议、酒店、行政、商业、休闲、娱乐等各业态功能相结合的科技城市综合体。

浙江海创园在设计专业上的意义在于其重要性、综合性、风景化、绿色节能以及局部复杂的工艺措施，同时是对设计总承包（建筑、景观、幕墙、智能化及泛光等各专业）的有益尝试。

浙江海外高层次人才创新园
Zhejiang Overseas High-Level Talents Innovation Park

HANGZHOU BODI CENTER

杭州博地中心

项目业主：浙江万翔房地产有限公司
建设地点：浙江 杭州
建筑功能：商业、甲级办公、丽舍世豪酒
　　　　　店、商务公馆
用地面积：22 888平方米
建筑面积：总建筑面积287 885平方米，地
　　　　　上面积224 406平方米，地上
　　　　　34~57层、地下3层
建筑高度：280米
设计时间：2012年—2013年
设计单位：中国联合工程公司第三建筑工
　　　　　程设计研究院
获奖情况：美国LEED金级认证

　　钱江世纪城是杭州为加快实施"沿江开
发、跨江发展"战略而着力打造的"十大新
城"之一，钱江世纪城将与钱江新城共同打
造未来杭州的中央商务区，共构未来杭州的
城市核心。
　　杭州博地中心位于钱江世纪城商业中
心圈，紧临钱江世纪城公建发展轴，项目用
地由南北两个地块组成，用地南侧至公园西
路，北侧至市心北路，西侧至市政路，总用
地面积22 888平方米（约合34.3亩）。
　　作为区域中央的标志性建筑，如何形成
地标性的建筑意象是关键所在，设计运用横
向肌理与纵向隐框凸显建筑的挺拔，同时充
分挖掘了建筑内部空间的趣味性。

HANGZHOU LONGDA INTERNATIONAL BUILDING

杭州龙达国际大厦

项目业主：杭州龙都置业有限公司
建设地点：浙江 杭州
建筑功能：商业、甲级办公、希尔顿逸林酒店、商务公馆
用地面积：20 624平方米
建筑面积：总建筑面积219 665平方米（地上面积167 585平方米）、
　　　　　地上61层、地下3层
建筑高度：264.8米
设计时间：2011年—2012年
设计单位：中国联合工程公司第三建筑工程设计研究院
获奖情况：中国"创新杯"建筑信息模型设计大赛最佳绿色分析应用奖

杭州龙达国际大厦位于钱江世纪城商业中心圈，紧临钱江世纪城公建发展轴。项目用地紧临庆春路隧道口，北侧和东侧为公园东路和滨江二路，用地面积20 624平方米（约合31亩）。

设计中两幢超高层主体建筑采用板式和点式的建筑体量沿公园东路平行布置，最大限度地展现建筑的城市空间形象，独特的图腾立面元素在区域建筑群中彰显个性，充分显现建筑外立面的生动性和标志性。

方华

职务：创办人 首席建筑师

教育背景
德国工学/学士
同济大学/硕士
米兰理工大学/硕士

工作经历
2006年创办法国GPT+
德国R&S事务所亚洲高级合伙人

主要履历
德国马格德堡大学建筑系研究生导师、毕业答辩委员会委员
《时代楼盘》理事、顾问专家
《超越》理事、顾问专家
《居住》咨询顾问、特约撰稿人
《家饰》高级顾问、特约撰稿人
《新浪地产》高级顾问、特约撰稿人

主要设计作品
上海自然博物馆
上海大宁国际商业广场（2011年上海建筑学会商用建筑佳作奖/2013年CIHAF住交会商业设计金奖）
云南城投融城金街大型城市综合体
青岛李沧Gala广场
哈尔滨投资集团大厦
华润长沙凤凰城总体规划
中粮御岭·鸿艺会会所及音乐厅
郑州林溪湾别墅区
德国马格德堡艺术馆
德国柏林媒体专科学校
德国Folkwang大学建筑系馆
上海大宁宁石公园咖啡厅
青岛李沧万达广场

刘睿峰

职务：董事 设计总监
职称：中国国家一级注册建筑师
　　　法国国家注册建筑师

教育背景
重庆建筑大学建筑学学士
法国巴黎拉维莱特国立高等建筑学校建筑规划硕士

工作经历
2004年—2006年　法国巴黎GUIBERT建筑师事务所建筑专业负责人(Atelier D'Architecture GUIBERT，France)
2006年—2008年　法国巴黎D&L建筑师事务所华太区负责人(Architectes Dubosc&Landowski，France)
2008年—2011年　法国AS建筑工作室项目负责人 (Architecture~Studio, France)
2011至今　　　　法国GPT+合伙人

获奖情况
2006年　法国 Made of steel 钢结构建筑竞赛第一名
2006年　Premio Compasso Volante 国际建筑竞赛优秀奖
2006年　法国 Architecture et Structure en Acier 竞赛第三名
2008年　法国 2007年度法兰西建筑学院（Academie D'Architecture）最佳建筑设计8强
2008年　应邀参加法国 2008年105届秋季沙龙展览
2009年　法兰西国家研究院艺术学院(Academie des Beaux Arts Institut de France) 2009年建筑保罗·阿尔费德森（Prix Paul Arfvidson)大奖
2010年　应邀参加法国 2010年大皇宫(Grand palais)巴黎"艺术财富"沙龙展览
2011年　美国PRDX2010/11国际设计大赛建筑专业组第三名
2014年　美国Architizer A+Award国际竞赛建筑与技术评委会大奖（Architecture +Technology；Jury Winner）

主要设计作品
法国阿尔勒（Arles）城市扩建规划　　　　法国巴黎JUSSIEU大学（巴黎第六、七大学）改造工程
法国国立高等高新科技大学　　　　　　　法国马赛凯撒居住区
莫斯科电影院改造工程　　　　　　　　　韩国普山海航中心
北京移动总部大楼　　　　　　　　　　　长沙大剧院
苏宁淮安睿城大型城市综合体　　　　　　成都金阳不夜城
成都龙潭寺商业街　　　　　　　　　　　银泰置地杭州银泰城

作品发表于：ARCA, AMC, ACIER, AFP, Architizer, Cree, Domus, EVOLO, Le Monde 等杂志及媒体

法国 GPT+

地址：上海市虹口区高阳路233号长治大楼A608
电话：021-50586550
传真：021-50586552
网址：www.gpt-archi.com
邮箱：marketing@gpt-archi.com

　　法国INTERNATIONAL GPT+锋思设计有限公司（以下简称"GPT+"）是一家集地产开发咨询、规划建筑设计、生态景观设计、环保建筑技术应用为一体的设计管理公司，GPT+的合伙人主要由中法两国杰出的建筑师组成，通过垂直控股方式运营多家设计企业成员，包括负责品牌建设的上海锋思建筑设计有限公司、重庆锋思建筑设计有限公司以及上海元众建筑设计事务所等。自2012年起，GPT+已经完整配置了专业的建筑设计、景观设计、空间设计及灯光设计团队，为地产客户提供"多业种集成设计"的全方位服务。接受过GPT+设计及咨询服务的客户包括万达地产、华润置地、绿地集团、盛高置地、保利地产、阳光城地产、中粮地产、苏宁置业、云南城投、建发地产、蓝光地产、众安地产等全国性房地产企业及上市公司。

SHANGHAI DANING CENTER PLAZA

上海大宁中心广场

建设地点：上海　　　　建筑面积：144 740平方米　　　　设计时间：2011年

设计理念：规划从多角度入手，实现外在与内涵、功能与形式的真正统一。从商业文化的角度，充分考虑闸北区大宁国际的环境资源和精神气质；从空间的角度整体考虑项目与城市环境的关系；从功能的角度，深入分析项目适合的定位，并综合协调相关要素之间的矛盾；从环境设计的角度，注重特色场所和特色景观塑造，增强场所的身份感和识别性。在各系统的规划设计中始终关注对关键细节的把握和控制引导。

总平面图　　　　　　人行分析图　　　　　　一层平面图

HARBIN INVESTMENT BUILDING

哈尔滨投资大厦

建设地点：黑龙江 哈尔滨
建筑面积：97 263平方米
设计时间：2010年

其建筑风格最后定位在Art-Deco上。

夏天缓冲层策略：

经由风洞引入室外空气，供应给通风管道和地板下的通风空间，阳光房带走室内的热量，增加了通风效果。

冬季"温室"策略：

阳光房封闭，使阳光房内的空气持续加热，减少了室外冷空气对室内的直接影响，减少空调的损耗。

新风系统和空调系统统一设计策略：

（1）广泛应用自然通风作为建筑混合模式策略的一部分可大大减少新风系统的能耗；

（2）自然通风在需要的时候可由机械供暖和制冷来代替。新风系统与室内空调系统有机结合，不仅可以节能，也会使室内环境非常舒适。

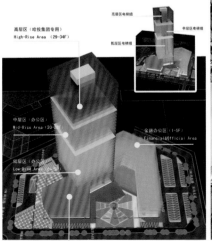

KUNMING RONGCHENG GOLDEN BANDS

昆明融城金阶

建设地点：云南 昆明
建筑面积：64 367平方米
设计时间：2009年

　　融城金阶是昆明官渡区160万平方米的CBD规划中的第一期，也是位置最显要的一期。2012年昆明机场搬迁以后，它将成为昆明首屈一指的商业、办公、娱乐中心。

　　昆明的商业消费模式与北方城市不同，其夜晚活力充沛，因此，在项目规划时，引入了"商业峡谷"概念，也就是大力发掘地下商业建筑的潜力，使整个商业区变成一座"不夜城"。

　　项目的最高建筑高度为140米，是2012年前昆明市区少有的超高层建筑。其建筑形体比较简洁，但立面通过不同疏密的幕墙构件，形成了"云层"穿插的效果，恰好呼应了"彩云之南——云南"的名称。

SUNING HUAIAN CORE CITY PLAZA

苏宁淮安睿城广场

建设地点：江苏 淮安
建筑面积：531 505平方米
设计时间：2012年

　　在北部设集中商场、主力门店等目的性商业，以吸引客源；南部区域则结合公寓设置带形低层商业街，以零售型物业为主，形成主次明晰、购物休闲结合的商业体系。

　　项目处于三线城市，考虑到开发成本和新颖性的平衡，采取"单元组合"的方法设计建筑立面，即把建筑看成是若干单元体量的复合体，但每个单元体会采用不同的立面质感。

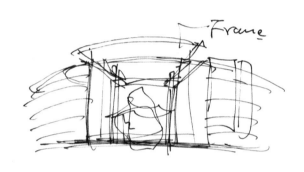

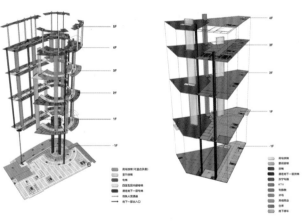

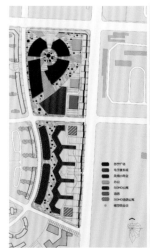

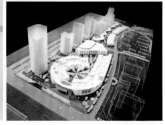

PANZHIHUA COMMERCE AND ARTS CENTER

攀枝花商业艺术中心

建设地点：四川 攀枝花
建筑面积：350 000平方米
设计时间：2014年

　　充分利用高差，形成多个平街层，充分利用环境资源使公园广场与商业街形成良好的互动，增加首层商业界面，使其商业价值最大化。

　　25万平方米的商业综合体项目，可辨识的设计是成功的必要条件，闪炫实用的立面，气势磅礴的办公大厦，亲切丰富的风情商业街，独特的屋顶儿童花园，为"攀西"第一，也为"唯一的商业中心"概念提供了充分的支持。

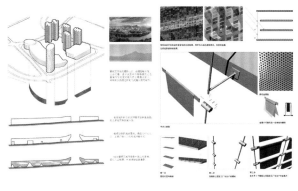

NINGBO QINGFENG COMMERCIAL PROJECTS

宁波庆丰商业项目

建设地点：浙江 宁波
建筑面积：46 900平方米
设计时间：2012年

项目主要通过其"多、大、新、齐"的商业形态为消费者带来现代城市生活的新体验。多，即品牌多；大，即规模大，16万平方米的建筑面积，高低错落的建筑，10个不同大小的广场和庭院，约2千米的步行街道和近1 000个停车位使其犹如一艘商业航母；新，即风格新，通过对历史、文化、创新的融合设计，为消费者带来一个似曾相识的新境界；齐，即功能齐，酒店、办公、零售、餐饮、文化、娱乐、教育、现代服务业等八大功能有机分布于项目中。

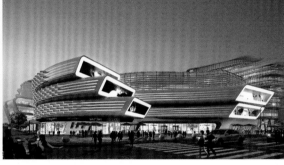

QINGDAO LEE CHANG GALA SQUARE

青岛李沧Gala广场

建设地点：山东 青岛
建筑面积：69 071平方米
设计时间：2013年

项目对建筑形象的需求尤其强烈，希望立面设计能够脱颖而出，吸引商业人群。青岛市毗邻海洋，设计师立足于"海洋"，将蓝色和动感的元素演绎成为建筑语言，以竖向杆件为基本元素，通过参数表达，形成简洁并具有层次的商业立面，婉转的弧线犹如起伏的裙摆，展现建筑独特的优雅。办公楼立面呼应裙楼，同样通过杆件的尺寸与节奏变化在沿街面形成醒目的沙漏形图案，实现了建筑的标识性。

CHENGDU JINYANG
NOT NIGHT CITY

成都金阳不夜城

建设地点：四川 成都
建筑面积：13 524平方米
设计时间：2013年

　　立面从传统建筑中抽象出具有强烈中国建筑意象的建筑轮廓，并使之成为控制建筑的第一个层次。建筑物顶部轮廓线成为从城市角度观赏的焦点，是建筑物的点睛之处，经过精心处理，使整体建筑一气呵成，浑然一体，独具个性，形成了丰富的建筑轮廓线。

CHENGDU CHINESE
COMMERCIAL STREET

成都中式商业街

建设地点：四川 成都
建筑面积：26 943平方米
设计时间：2013年

　　规划设计思路：将项目地块划分为四个区域。
A区：民俗休闲商业区。
B区：精品体验商业区。
C区：茶文化民俗展示园——以景观形式提升本案商业价值，同时以茶文化为主题打造景观吸引力，使其成为成都最大最好的茶文化民俗展示园区，所有的建筑小品都是公益性建筑，方便民众。
D区：龙潭寺景区——以现有龙潭寺寺庙为中心，增加和完善景区内的配套设施，吸引更多的游客来参观旅游，也使项目的商业价值和客流得到提升。

A_Rc_HITE_CT^s

CHAD 北京世纪豪森建筑设计有限公司
BEIJING CENTURY HOUSAU ARCHITECTURE DESIGN CO.,LTD.

范向阳

出生年月：1968年10月
职　　务：副总经理
职　　称：高级建筑师/国家一级注册建筑师/世界华人建筑师协会（WACA）创会会员

教育背景
1986年—1990年　东南大学/建筑系/建筑学/学士

工作经历
1993年至今　北京世纪豪森建筑设计有限公司

主要设计作品
昆明大商汇规划和建筑设计
南宁朝阳商圈商业规划设计
南宁大商汇控制性详细规划和建筑设计
多彩贵州城总体规划设计
南宁大嘉汇规划和建筑设计
江苏无锡古运河综合治理商业规划和部分地块建筑设计
江苏无锡五洲国际装饰城规划和建筑设计
江苏惠山职业教育中心校区规划和建筑设计
洛阳万安山温泉小镇一期概念性规划设计
江苏无锡洛社天奇城建筑设计
贵州省黄果树风景名胜区（郎宫）布依郎休闲体验小镇规划设计

| 朱正华 | 周清 | 叶静 | 毕传喜 | 孙洁 |
| 职称：高级建筑师 | 职称：高级建筑师 | 职称：规划设计师 | 职称：建筑设计师 | 职称：高级建筑师 |

地址：北京市丰台区南西环路188号总部基地十六区10号楼
电话：010-56305402　　0510-82722290
传真：010-56305426
网址：www.bjsjhs.cn
电子邮箱：sjhs001@126.com
微信公众号：bjsjhs

　　北京世纪豪森建筑设计有限公司成立于1993年，原隶属于中国建筑工程总公司，拥有国家建设部核发的建筑行业建筑工程设计甲级资质（证书编号：A111008855），2010年加盟北京多维联合集团。

　　目前业务范围涉及城市规划、建筑设计、景观设计等多个领域，尤其在城市综合体、集群商业、旅游文化地产项目、高档写字楼、居住区规划、高档住宅社区、超高层大跨度钢结构设计等方面具有专业优势。

　　近20年，世纪豪森依靠雄厚的技术力量，先后完成国内外各类具有代表性的设计项目，并获得多种奖项，包括多彩贵州城、江苏无锡古运河综合治理、贵州省黄果树风景名胜区（郎宫）布依郎休闲体验小镇、洛阳万安山温泉小镇一期、亚运村康乐宫、西安紫薇城市广场花园、北京巨石公寓、北京顺驰领海居住区、江苏惠山职业教育中心校、昆明大商汇、无锡五洲国际装饰城、南宁大商汇、南宁市朝阳商圈商业规划等。

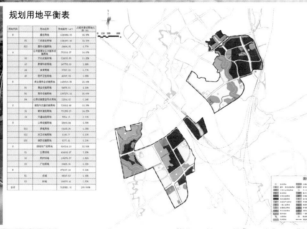

COLORFUL GUIZHOU CITY MASTER PLANNING

多彩贵州城总体规划设计

项目业主：贵州多彩贵州城建设经营有限公司
建设地点：贵州 贵阳
建筑功能：城市规划
用地面积：5 124 870平方米
建筑面积：7 500 000平方米
设计时间：2008年
项目状态：在建
设计单位：北京世纪豪森建筑设计有限公司
主创设计：范向阳
参与设计：朱正华、叶静、毕传喜

　　多彩贵州城是国家级文化产业示范基地入选项目，是贵州"十二五"文化旅游十大重点项目之首，是全省"5个100"工程中的旅游综合体和城市综合体"双100"项目。

　　规划从西部大开发的战略高度，在黔中经济区快速崛起发展的宏观背景，以贵阳4E级国际机场的扩建，城市轻轨、厦蓉高速、环城高速和贵广铁路等重大基础设施建设为依托，以贵州内部优越的地理自然环境和独特的民族文化特色为突破点，打造一个展示神奇秀美的自然景观、悠久神秘的民族文化与现代休闲娱乐的旅游度假、观光避暑的旅游胜地，推动贵州文化旅游产业的升级和发展。

规划用地平衡表

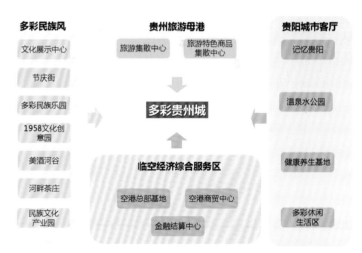

01 游客服务中心
02 空港商务城
03 温泉五星级酒店
04 文化展示中心
05 节庆街
06 1958文化创意园
07 记忆贵阳
08 温泉水公园
09 多彩生态城
10 民族文化酒店群
11 游客集散中心
12 美食文化餐饮群
13 旅游特色商品集散中心
14 多彩休闲生活区
15 健康养生基地
16 多彩民族乐园
17 民族文化产业园
18 创意文化生活苑
19 多彩未来城
20 多彩自在城
21 河畔茶庄
22 养生河谷
23 美酒河谷

COLORFUL GUIZHOU CITY AIRPORT BUSINESS DISTRICT

多彩贵州城空港商务区

项目业主：贵州多彩贵州城建设经营有限公司
建筑功能：商业、办公、酒店
建筑面积：1 380 000平方米
项目状态：在建
主创设计：范向阳、周清

建设地点：贵州 贵阳
用地面积：369 243平方米
设计时间：2013年
设计单位：北京世纪豪森建筑设计有限公司
参与设计：叶静、毕传喜、朱正华

项目作为贵州多彩贵州城四大功能板块之一，是多彩贵州城建设文化旅游创新区的支柱产业之一，同时也是贵阳市临空经济综合服务区的重要起步项目之一。项目所在地紧邻贵阳龙洞堡机场，具有交通便捷的优势，也是空港进出贵阳的主要门户，将临空经济及优势与贵州特色旅游文化相结合，积极配合临空经济区的建设和发展，充分发挥空港来往客群优势，使多彩贵州城形成商务、商业、旅游和文化一体化的产业平台。

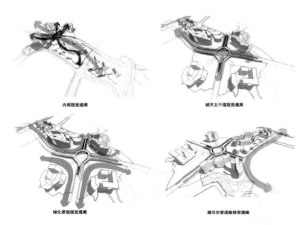

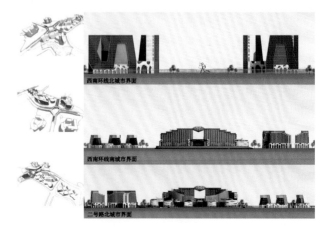

NEW CAMPUS OF HUISHAN VOCATIONAL EDUCATION CENTRAL SCHOOL, JIANGSU

江苏省惠山职业教育中心校新校区

项目业主：江苏省惠山职业教育中心校　建设地点：江苏 无锡
建筑功能：文化建筑　　　　　　　　用地面积：283 600平方米
建筑面积：150 000平方米　　　　　　设计时间：2007年
项目状态：建成
设计单位：北京世纪豪森建筑设计有限公司
主创设计：范向阳、孙洁
参与设计：朱正华

　　江苏省惠山职业教育中心校新校区地处无锡主城区西部的惠山区，位于无锡藕塘职教园区的中心区域，为全日制公办国家级重点中等职业学校。学校办学历史悠久，为我国机械、电子信息、化工等产业和江苏地方经济建设提供了有力的人才支撑。学校积淀了丰厚的文化底蕴，治校严谨，形成了良好的校风、教风和学风。

　　新校区地块东、南、西三面为城市道路，东至新藕路，西至园区环路，南至钱藕路，西北侧是洋溪河绿化景观带，地块南侧越过舜柯山面对太湖，基地内有Y形洋溪河支流穿过，形成人与自然的和谐统一，具有江南水乡的特色。

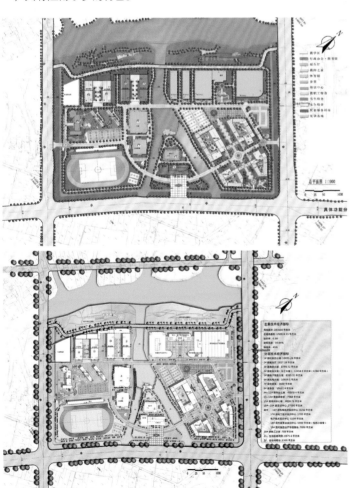

教学楼图　　教工之家

行政办公楼图

教学楼图　培训中心图

WAN'ANSHAN SPA TOWN, LUOYANG

洛阳万安山温泉小镇

项目业主：洛阳万安山建设发展有限公司
建筑功能：旅游文化建筑
建筑面积：1 217 800平方米
项目状态：规划
主创设计：范向阳

建设地点：河南 洛阳
用地面积：1 429 800平方米
设计时间：2013年
设计单位：北京世纪豪森建筑设计有限公司
参与设计：朱正华、叶静、毕传喜、肖霄

河南洛阳万安山区域拥有深厚的历史文化底蕴，极具开发潜力。根据万安山总体规划，该区域将被打造成为"世界级生态文化旅游度假目的地、国内一流城乡统筹综合发展示范区、中原经济区文化旅游龙头带动项目"。洛阳万安山区域综合开发项目位于洛阳新区南部山区，总面积约116平方千米。万安山温泉小镇是整体项目的启动区，设计范围为伊洛大道以东、开拓大道以西、万安山大道以北，酒流沟水库周边约2 000亩（约1 333 333.33平方米）区域。

启动区对整个项目来说至关重要，通过启动区的建设形成局部的引爆点，体现整体项目的总体规划的高度，带来轰动效应。启动区建设并不是完全为了直接的投资效益，其目的更多地是为了增强项目在社会上的认知度，确立和提升项目的整体形象。

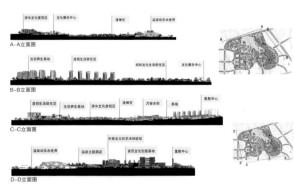

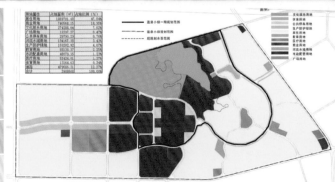

SHANGMADUN COMMERCIAL BUILDING ON METRO LINE TWO, WUXI

无锡地铁二号线上马墩站商业建筑

项目位于江苏省无锡市崇安区马墩路，塔影路与长江北路交叉口处。地块东西两侧为居住区，北面为幼儿园及社区服务中心。配套设计与地铁设计相互结合，充分突出地铁配套设施的特色，建筑设计立体化，整体设计趣味化，具有丰富的设计内涵。

项目业主：无锡市轨道交通发展有限公司
建设地点：江苏 无锡
建筑功能：商业建筑
用地面积：6 600平方米
建筑面积：5 317平方米
设计时间：2009年
项目状态：建成
设计单位：北京世纪豪森建筑设计有限公司
主创设计：范向阳、朱正华
参与设计：毕传喜

YANGYAOWAN MINGUO STREET ALONG ANCIENT CANAL, WUXI

无锡古运河风貌带之羊腰湾民国街

项目业主：无锡城市投资发展有限公司
建筑功能：商业建筑
建筑面积：57 088平方米
项目状态：建成
主创设计：范向阳、朱正华

建设地点：江苏 无锡
用地面积：18 471平方米
设计时间：2010年
设计单位：北京世纪豪森建筑设计有限公司
参与设计：叶静、毕传喜

江苏省无锡古运河作为京杭大运河精髓段，源流3 000余年，是吴文化发源地、中国农业文明和工商文明的见证者。在"古运河"的孕育下，近年来无锡清名桥历史文化街区不断繁荣，古河、古桥、古建筑等诸多古文化元素相结合成为"老无锡"的缩影，被誉为"江南水弄堂，运河绝版地"。羊腰湾地块是无锡近代民族工商业的发源地，为恢复古运河沿岸风光带，项目定位为民国风格商业街。

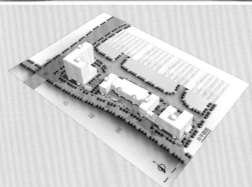

WUXI YUQUAN COMMERCIAL STREET

无锡玉泉商业街

项目业主：无锡金茂置业有限公司
建设地点：江苏 无锡
建筑功能：商业建筑
用地面积：9 144平方米
建筑面积：24 000平方米
设计时间：2010年
项目状态：建成
设计单位：北京世纪豪森建筑设计有限公司
主创设计：范向阳、朱正华
参与设计：叶静、毕传喜

（1）强调建筑商业的集中式和独立式的相互关系。通过空中连廊、下沉广场，动线对景，营造丰富的建筑空间。
（2）注重与周边区域的和谐、统一。
（3）强调建筑外立面的同时，注重建筑材质、建筑色彩的运用。
（4）注重协调人流、物流、车流的多种流线的关系，创造一个便捷、安全、舒适的交通空间。
（5）通过不同建筑材质的运用，来强调建筑立面的虚实变化和现代感。

NINE STREET OF MYSTICAL YANCHENG CHUNQIU PARADISE

淹城春秋乐园九坊

项目业主：常州市春秋淹城建设投资有限公司　　建设地点：江苏 常州
建筑功能：商业建筑　　　　　　　　　　　　用地面积：6 000平方米
建筑面积：4 200平方米　　　　　　　　　　设计时间：2007年
项目状态：建成　　　　　　　　　　　　　　设计单位：北京世纪豪森建筑设计有限公司
主创设计：范向阳、孙洁　　　　　　　　　　参与设计：朱正华

常州淹城遗址位于常州南郊武进，建于春秋晚期，距今有2 500余年历史，是中国目前同时期古城遗址中保存最为完整的一座。本案位于淹城春秋乐园中外城河侧，淹城遗址的东北方。将从"再现古时淹城生活景象，弘扬当今淹城文化魅力"这一主题出发，成为淹城春秋乐园中的又一景点项目，旨在体现古今淹城之文化魅力，告诉人们古时淹城在历史上的重要地位、人文风俗和当今淹城所体现的文化价值、天作之景，再现古时淹城生活景象，展示当今淹城文化魅力的体验式旅游街区。

黄文龙

职务：总部副总建筑师
总部第二专业设计院院长
职称：高级建筑师
国家一级注册建筑师

教育背景
沈阳建筑大学/建筑设计及其理论/硕士

工作经历
2003年—2009年　中科院建筑设计研究院有限公司
2009年至今　　　中国中建设计集团有限公司

奖项情况
中建总公司"优秀共产党员"
中建总公司"青年创优先进个人"
中建设计集团直营总部"十佳建筑师"

主要设计作品
中国驻埃塞俄比亚大使馆　　　中国驻贝宁大使馆
中国科学院大学怀柔校区　　　中国科学院化学研究所综合实验楼
鄂尔多斯市委党校综合楼　　　歌华大厦
化学工业出版社综合办公楼　　开元国际广场
新疆国际传播中心　　　　　　中建国际港住宅区
甘肃省科技馆　　　　　　　　定西市中级人民法院综合楼

论文著作
《审美主义机制与建筑创作》　　《对我国城市更新的初步认识》
《沈阳市铁西区局部环境改造设想》

阎福斌

职务：总部建筑原创中心主任
职称：高级建筑师
国家一级注册建筑师

教育背景
沈阳建筑大学/建筑学专业/硕士
德国维斯玛大学/建筑学/硕士研究生研修班

工作经历
2006年至今　中国中建设计集团有限公司

奖项情况
中国建筑劳动模范
中国建筑北京设计研究院优秀建筑师

主要设计作品
沈阳嘉里中心T1/T4超高层办公楼　　辽宁省交通规划设计院科研中心
北京市门头沟人保大厦　　　　　　　北京市门头沟区政府接待中心
南航北京公司空勤配套楼　　　　　　燕郊马来西亚成功集团欧逸丽庭居住区
辽宁省朝阳市博物馆　　　　　　　　亚洲时尚中心
山西省阳泉市阳泉书城　　　　　　　江苏淮安亿丰时代广场
辽宁盘锦中誉双兴南路地块规划方案　房山良乡组团02-078地块规划设计方案
沈阳市第九十中学

论文著作
《盛京宫殿建筑》
《触摸黑色——访乌德勒支大学图书馆》
《沈阳东清真寺研究》

 中國中建設計集團有限公司直營總部
CHINA CONSTRUCTION ENGINEERING DESIGN GROUP CORPORATION LIMITED HEADQUARTERS

　　中国中建设计集团直营总部是中国中建设计集团有限公司（简称"中建设计集团"）七家成员企业之一，是"中国建筑"在京津冀地区唯一直属的设计企业。其前身是中国建筑北京设计研究院有限公司，成立于1992年，现有从业人员1 500余人，具有建筑设计甲级、城市规划编制甲级、国家文物保护甲级、房建工程及市政工程（不含桥梁燃气）监理甲级、工程招标代理（暂）等多项资质。主要业务范围包括城乡规划设计、投资策划、大型公共建筑设计、民用建筑设计、室内装饰设计、园林景观设计、市政工程设计、工程概预算编制、工程监理、工程总承包、房地产业务咨询等，并依托"中国建筑"强大的资源优势，为客户提供建设工程全过程服务，实现"设计＋建造"一体化运作。具有对外经营权，已通过"三标"管理体系认证。
　　中国中建设计集团直营总部坚持"立足京津、拓展周边、辐射全国、走向国际"的市场战略，通过全体员工的不断努力，综合实力日益增强。建院20多年来，先后在国内外完成了众多有影响力的工程设计项目，荣获国家、省、部级奖项100余项。
　　中国中建设计集团直营总部始终坚持精品战略，注重提升核心技术竞争能力，并承担国家"十二五"科研课题研究，参与国家规范、规程的编制等多项工作，拥有建筑技术研发中心，其所研发的科研成果引领工程实践不断取得新成果。
　　中国中建设计集团直营总部将不断超越自我，广纳天下英才，汇聚业界优势资源，践行"创意生活，规划未来"的企业使命，为广大客户提供更加优质的产品和服务。

地址：北京市海淀区三里河路15号中建大厦A座9层
邮编：100037
电话：010-88083900
传真：010-88083588

THE CHINESE EMBASSY IN BENIN

BEIJING GEHUA MANSION

北京歌华大厦

项目业主：北京歌华集团
建设地点：北京
建筑功能：办公
用地面积：13 750平方米
建筑面积：108 000平方米
设计时间：2005年—2006年
项目状态：建成
设计单位：中科院建筑设计研究院有限公司

中国驻贝宁大使馆

项目业主：中国外交部　　　　建设地点：贝宁 科托努
建筑功能：办公　　　　　　　用地面积：10 000平方米
建筑面积：2 499平方米　　　设计时间：2005年—2007年
项目状态：建成　　　　　　　设计单位：中科院建筑设计研究院有限公司

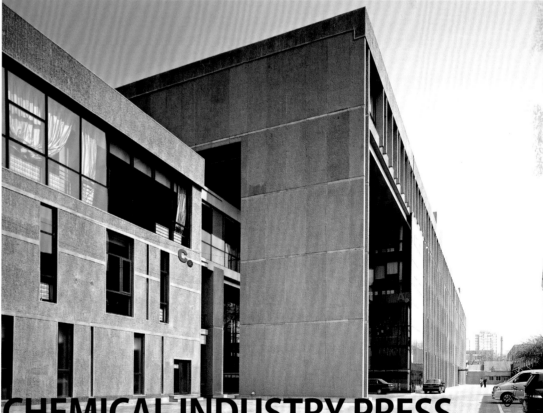

CHEMICAL INDUSTRY PRESS
INTERGRATED OFFICE BUILDING

化学工业出版社综合办公楼 （第11届首都规划汇报展优秀方案设计公建类三等奖）

项目业主：化学工业出版社　　建设地点：北京
建筑功能：办公　　　　　　　用地面积：5 682平方米
建筑面积：11 023平方米　　　设计时间：2005年—2006年
项目状态：建成　　　　　　　设计单位：中科院建筑设计研究院有限公司

ORDOS PARTY SCHOOL MULTIPLE-USE BUILDING

鄂尔多斯党校综合楼

项目业主：中共鄂尔多斯市委	建设地点：内蒙古 鄂尔多斯
建筑功能：办公	用地面积：113 748平方米
建筑面积：70 000平方米	设计时间：2009年
项目状态：建成	设计单位：中科院建筑设计研究院有限公司

XINJIANG INTERNATIONAL COMMUNICATION CENTER

新疆国际传播中心

项目业主：中共新疆维吾尔族自治区党委宣传部	
建设地点：新疆 乌鲁木齐	
建筑功能：办公、会议、新闻发布、舆情监控	
用地面积：19 038平方米	
建筑面积：65 832平方米	
设计时间：2013年—2014年	
项目状态：在建	
设计单位：中国中建设计集团有限公司直营总部	

KAIYUAN INTERNATIONAL PLAZA

开元国际广场

本项目是坐落在三个相邻地块上的建筑群，由五幢高层办公建筑及裙房组成。在塔楼的布局中，利用了园区的拐角作为辅助服务设施空间，增加了三个地块的价值，同时尽可能地减少了各个办公塔楼之间的对视现象。根据车辆及服务入口的限制要求，巧妙安排各幢塔楼以及地面和地下的零售空间。五幢建筑轻盈地架设在分散的石材零售裙房上，强化了街墙的连续性，勾勒出场地的边界，创建出一个生动的建筑群。

项目业主：北京奥南时代置业有限公司
建设地点：北京
建筑功能：商务办公
用地面积：52 000平方米
建筑面积：450 000平方米
设计时间：2010年—2014年
项目状态：在建
设计单位：SOM建筑事务所+中国中建设计集团有限公司直营总部

THE SCIENCE AND TECHNOLOGY MUSEUM OF GANSU

甘肃省科技馆

建设地点：甘肃 兰州
建筑功能：展览
用地面积：37 700平方米
建筑面积：41 716平方米
设计时间：2011年
设计单位：中国中建设计集团有限公司直营总部

科技馆用地位于新城规划主轴——"世纪大道"东侧，新城规划中心——行政中心及市民广场东南角。场地周边多为大专院校及科研机构，具有较为浓厚的学术氛围。科技馆共分五层，其中地上四层，地下一层。从建筑南侧宽阔的大台阶拾级而上可到达建筑内部主导空间——科技内院。十字形空间结构的科技内院会聚三个方向的人流，成为进入建筑内部之前的集散平台。位于科技内院东侧的观览序厅是建筑主体的空间核心。用现代科技手段表现的敦煌飞天艺术墙是观览序厅的视觉焦点，其后部空间为主要观览通道及展览空间，一层为临时展厅，方便大型科普宣传活动的布展撤展；二层为科技与生活展厅以及高科技休闲区，主要展示社会与人类关心的科技生活内容；三层为启迪与探索展厅，展示人类探索与发现过程中的科学思想与方法；四层为创新与未来展厅，展示人类对未来生活的畅想。科研办公及教学实验等配套功能分居各层主要展览空间两侧。

SHENYANG JIUZHOU BAY JINGHUI PHASE I

辽宁省沈阳市九洲湾景汇一期

项目业主：沈阳九洲福尔房地产开发有限公司
建设地点：辽宁 沈阳
建筑功能：住宅
用地面积：117 700平方米
建筑面积：220 400平方米
设计时间：2008年—2010年
项目状态：建成
设计单位：中国中建设计集团有限公司直营总部

整体规划坚持"以人为本"设计原则，秉承"生态化""可持续发展化""文化环境特色化""健康生活化"的设计思路，建设人与环境有机融合的可持续发展的新型文化社区。

结合基地尺度与周边道路，整体平面布局采用自由的线型，小区主要道路环通居住区，整个居住区围绕这一主轴展开，既富于整体感，又体现出变化和韵律感。结合道路线型，各居住单元与之相呼应，增加住宅的景观层次，满足日照间距要求。在主要出入口附近扩大入口空间形成面向城市的入口广场。在小区内利用水系形成富有内聚力，并以小溪、绿地为主线的景观带，联系全部居住小区，形成了自然的小区环境。

单体建筑之间通过不同的排列方式，形成平行或弧形不同主题的居住片区，充满活泼和灵性，也适合当地的居住习惯。道路和景观相间布置，保证大部分住宅都一侧临路、一侧濒景，交通与景观两相宜。

项目业主：嘉里（沈阳）房地产开发有限公司　　建设地点：辽宁 沈阳
建筑功能：办公 商业　　　　　　　　　　　　用地面积：35 751平方米
建筑面积：86 482平方米　　　　　　　　　　设计时间：2010年
项目状态：在建　　　　　　　　　　　　　　设计单位：中国中建设计集团有限公司直营总部

SHENYANG KERRY CENTRE

沈阳嘉里中心A-2地块一期T1办公楼工程

该项目包括一座超高层办公楼及商业群房。地处沈阳市沈河区，建成后，本项目将与周边的酒店和住宅、商场形成区内一个极具规模的建筑群体，将成为沈河区一个具有标志性的综合商业、酒店、办公、住宅区。

立面造型简洁优雅，疏密不同、层次不同、比例不同的小网格，交错呼应，完美配置，凹凸有致，创造出视觉上的美感及现代感。

塔楼顶部采用斜顶镂空金属网格，为建筑本身创造出独特的外观，增强塔楼的高耸挺拔效果，其优雅整洁的顶部照明在夜间发出耀眼的灯光。

LIAONING PROVINCIAL INSTITUTE OF COMMUNICATION PLANNING, DESIGN & RESEARCH

辽宁省交通规划设计研究院

项目业主：辽宁省交通规划设计院　　　建设地点：辽宁 沈阳
建筑功能：办公　　　　　　　　　　　用地面积：16 732平方米
建筑面积：43 367平方米　　　　　　　设计时间：2007年—2008年
项目状态：建成　　　　　　　　　　　设计单位：中国中建设计集团有限公司直营总部

　　群体规划依据功能要求及用地实际情况和地理位置，将建筑围合形成相对独立的院落式布局。科研办公楼沿北侧长白西路线型布置，附属办公楼布置在基地西南侧，学术报告、会议及活动中心等后勤服务用房布置在基地东侧。不同体量错落有致地组合在一起，彼此呼应、相得益彰。

　　建筑单体注重立面和空间设计，建筑造型新颖别致，采用富有时代感的现代国际建筑语言，符合使用和城市景观要求，并与周边建筑相协调。主体的科研办公楼作为空间中的主角，统领整个群体的建筑性格，简洁、硬朗，富有时代气息，体现出现代科技企业研究中心严谨、创新的企业性格。学术报告、会议及活动中心面向内院一侧设置大尺度的柱廊、直跑楼梯等空间元素，与主科研楼的入口柱廊相呼应，营造出丰富的内部空间视觉景观。

黄海波

出生年月：1977年
职　　务：深圳大学建筑设计研究院工作室主持人
　　　　　美国H2建筑设计公司 中国华南区顾问总建筑师
职　　称：中国一级注册建筑师
　　　　　美国LEED AP

教育背景
1996年—2001年　深圳大学/建筑学/学士
2006年—2010年　美国夏威夷大学/建筑学院
2014年至今　　　清华大学/建筑设计工程/硕士

工作经历
2001年—2004年　深圳市清华苑建筑设计有限公司/主任建筑师
2004年—2006年　美国凯斯建筑设计深圳分公司/设计部经理
2007年—2010年　美国WATG建筑设计夏威夷分公司/主创设计师
2010年—2013年　美国H2建筑设计深圳分公司/总经理/设计总监
2013年至今　　　深圳大学建筑设计研究院/工作室主持人

主要设计作品
菲律宾巴拉望旅岛度假酒店
越南下龙湾下龙星度假酒店
中国从化侨鑫从都温泉高尔夫度假酒店
中国郑州雁鸣湖温泉度假酒店
韩国熊津青少年城
中国深圳市上沙中学
中国福州福建农林大学智华自然博物馆
中国惠州龙光城皇家会所及商业街
中国汕头龙光阳光海岸
中国汕头东海岸新城龙光御海阳光
中国深圳旭景佳园
中国广州利海托斯卡纳
中国东莞丰泰观山碧水别墅

阿联酋阿布扎比 Al Jurf 宫廷假日酒店
中国昆明航天丽沃思温泉度假酒店
中国海南清水湾莱佛士酒店
中国长沙岳麓区政府办公园区
中国深圳市射击馆
中国深圳安托山博物公园
中国韶关粤北亚太财富中心
中国梧州苍海新城
中国汕头北山湾龙光碧海阳光
中国深圳桑泰丹华府
中国深圳大梅沙天琴湾别墅
中国广州涛景湾
中国武汉卓越罗纳河谷

学术研究成果
多年来坚持理论与实践相结合，在国际期刊发表学术论文：
1. Balancing Growth and Preservation: Protection and Management of Nanxun Historic Water Town.
2. Preserving the Historical Memory of Honolulu's Chinatown.

地址：广东省深圳市南山区南海大道深圳大学北门
　　　建筑与城市规划学院B座
电话：0755-26732802/26732803
传真：0755-26732801/26534005
网址：www.suiadr.com
邮箱：archjy@126.com

　　深圳大学建筑设计研究院成立于1984年，是建设部批准的全国综合甲级设计单位，设上海分院、西安分院和施工图设计文件审查中心三家分支机构，主要从事城镇规划、居住区规划设计、建筑工程设计和施工图设计文件审查、室内外装修设计和园林设计，涉及建设前期咨询、规划研究、社区评价等研究课题，完成的项目遍布全国数十个大中城市。

　　深圳大学建筑设计研究院拥有各类专业技术及管理人员275人，国家一级注册建筑师32人，一级注册结构工程师15人；教授级高级工程师12人，高级工程师55人；博士后、博士、硕士、研究生42人，留学归来的设计人员10多人。建院30年来，共获国家、部、省、市各级优秀设计和科技奖80项；95年被评为深圳市"勘察设计单位综合实力50强"第三名，2000年通过ISO 9001质量管理体系认证，2002年和2004年被深圳市企业评价协会评为中国深圳行业十强企业，2006年被建设部评为"十五"全国建筑业技术创新先进企业。

　　深圳大学建筑设计研究院自成立之日起，即全力投入深圳经济特区的建设和深圳大学的建设中，坚持与深圳大学建筑、规划系紧密结合，走出一条生产、教学、科研三赢的局面。至今本院超过百人次出国进行专业考察和参加国际学术会议，承担了国家、省、部级科研课题40多项，担任了市政府多项大型工程的顾问工作，并与多个国际著名建筑事务所和万科、中海等多家著名房地产开发商有全方位的合作关系。

　　30年来，深圳大学建筑设计研究院通过设计实践，充分体现了建筑师们对现代建筑内涵和本质的理解，以乐观折中的、谦和而又执着的态度，对待和处理建筑与其生存环境的辩证关系，以其不拘一格的形式和形态，超越建筑师个人的体验和风格，写意地表达了对现代建筑的诉求。

HUIZHOU LONGGUANG CITY ROYAL CLUBHOUSE AND RETAIL STREET

惠州龙光城皇家会所及风情商业街

项目业主：龙光地产控股有限公司
建筑功能：商业建筑
建筑面积：22 000平方米
项目状态：建成
参与设计：黄勇清、郝燕辉

建设地点：广东 惠州
用地面积：25 000平方米
设计时间：2012年
主创设计：黄海波
获奖情况：2014年全国人居经典方案竞赛规划、建筑双金奖

　　项目位于惠州市惠阳区龙光城居住区内的龙光湖岸，属于惠阳区和龙光城的商业及休闲配套建筑。会所及风情商业街沿湖边一字展开，在充分考虑湖景资源最大化的同时，兼顾沿主干道和沿湖的景观视线效果。退台式建筑形体结合法式经典建筑风格，彰显高贵优雅的项目品质。滨湖体验式商业街分为内街和外街，共三层，商业业态以高端品牌和餐饮为主。滨湖皇家会所三层的退台体量结合四层通高的中庭大堂，使得建筑空间形态内外兼修。

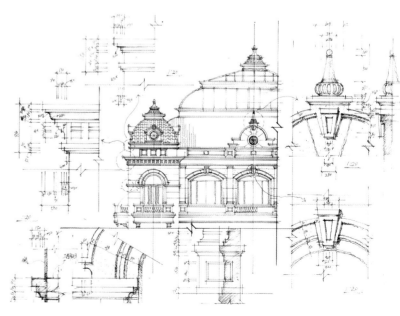

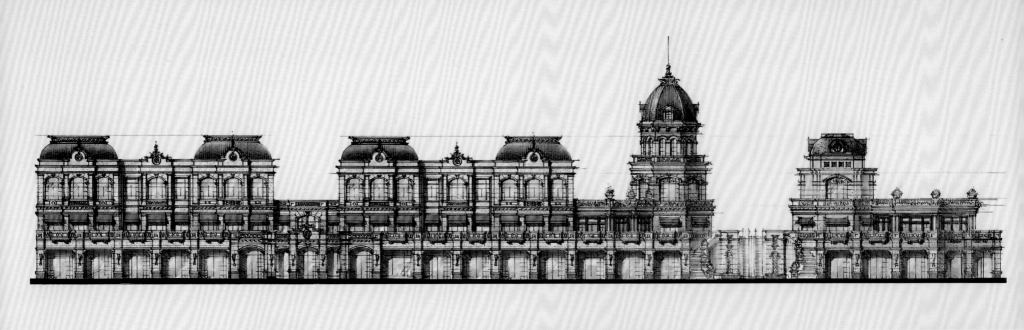

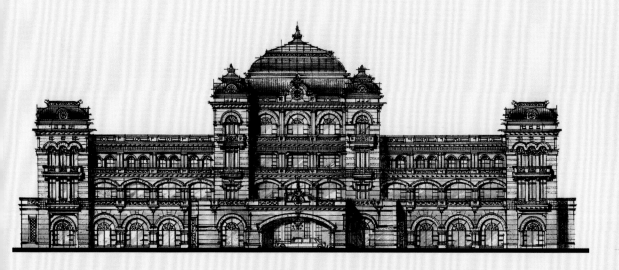

PHILIPPINES PALAWAN RESORT HOTEL

菲律宾巴拉望旅岛度假酒店

项目业主：Philippines MC Real Property
建设地点：菲律宾 巴拉望岛
建筑功能：旅游度假建筑
用地面积：47 000平方米
建筑面积：12 000平方米
设计时间：2009年
主创设计：黄海波（就职于WATG时期作品）
参与设计：Ralph Shelbourne
手绘制作：黄海波

项目位于菲律宾巴拉望岛区的一个小孤岛屿，岛上绿化环境优美，沙滩纯净，非常适合轻度开发休闲旅居的小型精品度假酒店。设计充分考虑保护原有自然环境，结合沙滩和岩石等元素精心规划出若隐若现的分散式隐居型度假酒店。酒店只有45间客房别墅，旅客搭乘专用的游艇到达孤岛码头后，经过小型的开放式接待中心乘坐电瓶车到达每一栋客房别墅。建筑风格结合菲律宾当地建筑符号和自然木构形态进行创新设计，力求打造具有地域文化的高端孤岛精致野趣风情建筑。

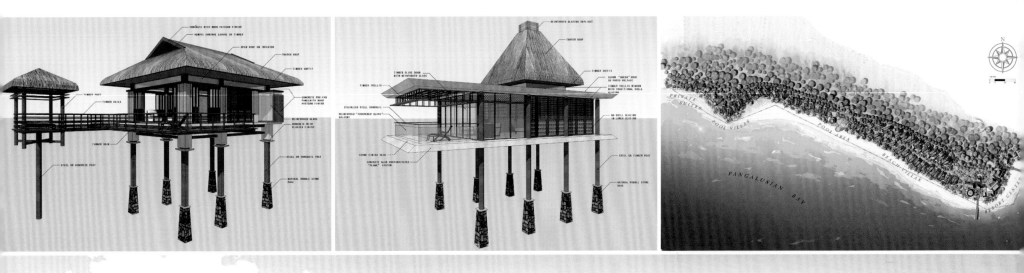

ZHIHUA NATURAL MUSEUM OF FUJIAN AGRICULTURE AND FORESTRY UNIVERSITY

福建农林大学智华自然博物馆

项目业主：福建农林大学
建设地点：福建 福州
建筑功能：自然类主题展览建筑
用地面积：15 000平方米
建筑面积：25 000平方米
设计时间：2013年
主创设计：黄海波
参与设计：覃力、梁德亮、郭志峰
获奖情况：广东省注册建筑师协会优秀建筑佳作奖

本项目是福建农林大学根据本校实际，立足福建省高等教育和社会事业发展需要而建设的自然生物类大型综合博物馆，是集展示、储存、教学、科研、科普等功能于一体的重要科教基地，也是开展对外科普宣传的窗口，是社会公共文化服务体系的有机组成部分。

在充分解读基地周边环境及规划布局后，提出与校园规划及周边建筑相协调的设计理念，以长方形作为博物馆的基本外形轮廓，通过形体分割，植入生态谷的空间形态，人们在建筑内的参观活动都围绕着生态谷展开，让人、建筑与自然生态融于一体。

开创性地将建筑屋顶打造成一个空中生态田园，实行师生田地领养计划，通过开放式楼梯将人引导上屋顶田园。从屋顶延伸生长的植物垂挂在建筑的外立面上，让绿化植物成为建筑外立面的一个重要组成部分，在四季时节变化中让建筑随着屋顶的自然绿化景色"活"起来，成为科普体验的生动学堂。

生态谷作为一个中庭空间被巧妙地植入到了博物馆的建筑中，植物作为立面造型元素被别出心裁地植入到建筑的外墙表皮。这种寓意深远的建造手法，既能为建筑的室内外创造出奇特的视觉效果，也能够让人们在品味建筑的同时领悟到自然界生命力的可贵，将生命力植入到建筑内，让建筑"活"起来。

SHENZHEN ANTUO HILL MUSEUM PARK

深圳安托山博物公园

项目业主：深圳福田区政府
建设地点：广东 深圳
建筑功能：文化收藏类主题博物馆建筑
用地面积：556 549平方米
建筑面积：178 000平方米
设计时间：2013年
主创设计：覃力、黄海波
参与设计：李一凡、郭志峰、胡圣洁、黄山
景观设计：奥雅设计集团
获奖情况：国际竞赛招标中标候选方案

安托山原本是深圳市区内的一个采石场，本项目将通过生态修复工程打造一个具有生态和文化意义的博物公园。本设计试图使其从"自然石块"重生为"文化石块"，并构建出融入了"自然和文化"的新的城市地标。经过修复的山体与博物馆建筑群将是深圳丰富多彩的文化象征，每个人在这个场所里都可以找到自己的兴趣喜好，并通过互动式的展览和体验得到感悟和认知。

整个公园由两个互补而又截然不同的界面组成。一边是充满都市文化气息的艺术博物馆群，另一边则是幽静的城市生态保护山林。设计尊重场地和历史，保持场地原有的形态。一栋栋饱含文化艺术的博物馆依山而建形成地景建筑群，如同散落在山脚下的一块块石头，建筑用自身特有的石块形态和文化空间来还原安托山的原貌，赋予采石场又一次生机，同时创造出一个都市生态公园。

技术经济指标

总用地面积：	556549m²
总建筑面积：	178000m²
其中 博物馆建筑群：	50000m²
地下停车场和设备用房：	60000m²
山顶生态建筑：	36000m²
结合山体修复建筑：	32000m²
停车位：	1660 个
其中 地面停车：	260 个
地下停车：	1400 个

黄东野

职务：惠州公司总经理、设计董事
职称：国家一级注册建筑师
　　　高级建筑设计工程师
　　　广东省综合评标专家
　　　腾讯大粤网房产平台智库成员
　　　惠州学院建筑与土木工程系客座教授

教育背景
辽宁工程技术大学/建筑学/学士
天津大学/建筑学/硕士

工作经历
1998年—2006年　惠州大学建筑规划设计院副院长
2006年至今　　　中国市政工程东北设计研究总院深圳分院
　　　　　　　　（综合甲级）副院长、总建筑师
2012年至今　　　惠州川麓建筑设计有限公司总经理

主要设计作品
四川阿坝州汶川县水乡藏寨旅游度假村、衢州弈谷文化创意园、惠州市"同方信息港"、惠州三联金洲号综合体、惠州欧汇大酒店、惠州交通大厦、梅州格兰云天大酒店、三亚林荫河畔等项目。

赖竞峰

职务：深圳公司总经理、设计董事

教育背景
广东省惠州学院/建筑学/学士

对居住区规划、建筑单体设计、组织机构管理及高端私宅定制等具有丰富经验，设计作品曾获GIA（中国）最佳绿色生态宜居奖

工作经历
2007年—2011年　（加拿大）HAC设计机构项目经理
2011年—2013年　（加拿大）HAC设计机构助理董事

主要设计作品
三亚凤凰水城、万达长白山南区项目、万科清远H21地块、保利顺德高层住宅项目、华盈北京亦庄企业总部项目、贵州纳雍城南综合体项目、贵阳西南国际名车广场项目等。

王宏伟

职务：设计董事
职称：国家一级注册建筑师
　　　高级建筑设计工程师

教育背景
西安建筑科技大学/建筑学/学士
华南理工大学/建筑学/硕士

工作经历
2003年—2007年　香港何显毅建筑师楼（深圳）主任建筑师
2007年—2012年　深圳市中建西南设计顾问有限公司设计总监

主要设计作品
惠州仲恺高新区清华同方信息港、三亚林荫河畔、惠州惠恺新时代、深圳武警支队综合楼、海南儋州瀛海方舟、惠州东江新城规划、惠州水口片区规划。

深圳川麓：
地址：深圳市南山区南山大厦326-327
电话：0755-21600404
传真：0755-21600404
邮箱：szchuanlu@126.com

惠州川麓：
地址：惠州市麦地路盈金泰大厦8楼
电话：0752-2169609
传真：0752-2169609
邮箱：dsyd598@163.com

关于我们
深圳川麓、惠州川麓
——2012年8月深圳川麓在设计之都深圳成立，同年12月惠州川麓公司成立。
字面由"川""林""鹿"组成，寓意自然与苍生和谐共处。
公司架构
——构架全面，现有董事4名以及20余位规划、建筑以及环境景观精英设计师。
组织经验
——创始人具有多年甲级设计院、外企设计公司及国内著名地产公司策划、设计及管理经验。
公司特质
——"小而精"的设计机构，拥有卓越品质的设计服务。
客户群
——服务全国，目前较多服务于深圳、北京、惠州、三亚、贵阳及浙江、四川等地的大中型地产商。
核心价值观
在有限的土地上创造无限的影响力，无限的附加价值与无限的人文关怀。
我们负责创造非常适宜居住和生活，并且能给客户带来价值最大化的建筑作品。
我们全身心地为社会及有需求的客户设计和创造，具有真正生活情调、绝美精致的好空间、好房子。

WATER ZANGZHAI TOURIST RESORT, SICHUAN PROVINCE ABA WENCHUAN COUNTY

四川阿坝州汶川县水乡藏寨旅游度假村

项目业主：汶川县水乡藏寨生态旅游有限公司
建筑功能：酒店和商业
建筑面积：55 000平方米
主创设计：黄东野

建设地点：四川 阿坝州
用地面积：158 000平方米
设计时间：2009年
合作设计：同济大学建筑设计研究院

本项目位于汶川县三江乡，包括一座四星级酒店和配套商业步行街。
设计原则：
（1）充分尊重原有自然环境，注重建筑与周围环境的关系，使建筑群体空间与原有的自然环境进行充分的融合；
（2）将传统藏、羌族建筑特征融入设计，形成具有现代性、传统性以及地域性的建筑表达。

157

SANYA PHOENIX WATERTOWN

三亚凤凰水城

项目业主：三亚凤凰水城开发有限公司
建设地点：海南 三亚
建筑功能：住宅
用地面积：163 155平方米
建筑面积：142 064平方米
设计时间：2007年
项目状态：建成
主创设计：赖竞峰
参与设计：黄东野、房鑫泉、曾文正
获奖情况：国际（中国）最佳绿色生态宜居奖

　　本项目为三亚凤凰水城开发有限公司开发的滨海花园式住宅项目，地处中国唯一的热带滨海城市——三亚，位于三亚城市中心区与新城市区发展结合带，整体定位为"泛酒店式度假社区"。

　　总体设计理念：吸取地中海度假式别墅的休闲理念，营造一个舒适、有风情的海滨度假区；强调理性规划，建筑布局和空间设计都建立在对基地和周边情况科学分析和综合的基础上，寻求最佳规划设计方案；注重居住环境质量，利用小区本身独特的景观环境和地理位置，精心设计主要节点的景点配置、景观轴线、组团环境；务实的创作作风，从居住者和开发者的利益出发，紧扣市场，对开发规模、定位、档次以及分期建设做综合考虑。

QUZHOU YIGU CULTURAL AND CREATIVE PARK, LOT A

衢州弈谷文化创意园一期

项目业主：浙江衢州弈谷文化实业有限公司
建设地点：浙江 衢州
建筑功能：围棋主题竞训基地、围棋主题酒店、创意文化商业街、企业总部基地、高端住宅
用地面积：64 132平方米
建筑面积：94 746平方米
设计时间：2014年
主创设计：赖竞峰、黄东野
参与设计：丘妙舒、李建鸿、杨初发
获奖情况：方案竞赛第一名

项目位于浙江省衢州市柯城区西区，建设内容包括围棋主题竞训基地、围棋主题酒店、创意文化商业街、企业总部基地、高端住宅等。

基于本项目的围棋主题定位和指导的传统文化理念，我们在A、B地块布局"阴阳鱼"的规划形态，借鉴太极鱼黑白互补的形态，让创意文化商业街、围棋主题酒店和中小企业总部基地这两大板块黑白平衡，盘旋互补，组成一幅相生相应的平衡形态；在C地块住宅规划当中，我们采用棋盘式布局，最大限度地满足了住宅的采光、景观、朝向等居住需求。这两种规划语言也符合弈谷的围棋主题，因此成功地打造了全新的中式哲学的规划结构。

GUIYANG SOUTHWEST INTERNATIONAL CARS SQUARE

贵阳西南国际名车广场

项目业主：贵州天翔运名车实业有限公司
建设地点：贵州 贵阳
建筑功能：商业、餐饮、办公等
用地面积：49 548平方米
建筑面积：195 850平方米
设计时间：2013年
主创设计：赖竞峰、黄东野
参与设计：房鑫泉、曾文正

　　贵阳西南国际名车广场，位于贵阳市花溪国际汽车贸易城内，东临绕城高速南环线，北接孟关集镇，西临南岳山脉。地处花溪国际汽贸城核心区域，拥有优越的地理和环境优势。

　　项目整体定位为"贵州高端名车旗舰市场"。针对项目市场特性及客户需求，凭借项目的规模优势，形成"国际名品+高端服务"系统化标准，从而建立"贵州名车旗舰市场标准"。产品定位为"泛销售"系列产品，充分考虑名车销售、维修、保养、展览、休闲等需求，综合、系统地服务省内广大潜在客户。

　　本方案贯彻"以人为本"的思想，以建设宜商环境为规划目标，创造了一个布局合理、功能齐备、交通便捷、绿意盎然、购车方便，具有休闲文化内涵的名车贸易市场。设计努力将新观念、新技术、新材料与传统的购物环境要求有机地结合，提高名车广场的使用功能质量和交易环境水平，为工作人员与购车者提供舒适、时尚、经济、科学、超前的现代购车空间。打造一个充满时代气息、引领现代潮流的时尚建筑，是本项目中品质体现的重点，设计师在规划、环境、建筑、景观的设计上都力求深入诠释时尚建筑的定位。

"SANYA · TREE-LINED RIVER" RESIDENCE

"三亚·林荫河畔"住宅小区

项目业主：海南南厦实业投资有限公司　　建设地点：海南 三亚
用地面积：25 818平方米　　　　　　　　建筑面积：40 220平方米
设计时间：2006年　　　　　　　　　　　项目状态：建成
主创设计：王宏伟、黄东野
《海南三亚"林荫河畔"楼盘方案》刊载于《时代楼盘》2006年第15期。

　　本地块位于三亚市凤凰路与迎宾路交叉口东南侧，西临三亚电信住宅楼，南临新建市老干部局住宅，再向南即为三亚河。

　　（1）本方案在住宅产品类型上以"11+1"小高层为主，在满足1.5的容积率的前提下，提供足够大的外空间做相应的景观布置，满足外空间环境上的功能要求。

　　（2）地块临凤凰路一侧结合城市绿带公园设两层高的休闲购物商业街，主要满足地块自身及周边邻近区域居民的购物需求，同时，其退红线大片空地可作为住宅及商业的地面停车位。

　　（3）主入口设在北侧，面对城市主要人流，视觉上通透、开敞，交通上便捷、清晰，同时，设一入口前广场，与东侧商业街相互呼应，带动整条商业街的人气指数。

SUNS 尚思建筑

Architecture & Urban Planning

黄水坤

职务：设计总监

教育背景
天津大学

主要设计作品
天津滨海新区汉沽重点公建改造
天津大港检察院
天津滨海国际家居广场
天津河北工业大学体育场
天钢柳林城市副中心规划设计
天津中心花园规划设计
天津外环线城市设计
山西运城中兴寰烁生态智慧城市产业园一期
山东利津文化中心

李华

职务：主创建筑师

教育背景
长沙理工大学

主要设计作品
天津汉沽行政办公区
天津王兰庄津兰国际大厦
天津融创津南高教园住宅
天津民园体育场改造项目
唐岛七星
上都电厂活动中心
民盛观澜

徐阳阳

职务：主创建筑师

教育背景
湖南城市学院

主要设计作品
山东利津文化中心
上都电厂活动中心
天津外环线城市设计
天津中心花园规划设计
内蒙古集宁检验检疫局
天津民园体育场改造项目
天钢柳林城市副中心规划设计
准格尔旗大陆新区商业综合体设计

地址：天津市南开区红旗南路濠景国际16F
电话：022-58399649
传真：022-58399649
网址：www.suns-architects.com
电子邮箱：ssarch@126.com

天津尚思国际建筑设计顾问有限公司是一家由规划、建筑、景观等设计学科专业资深人士组成的综合性设计公司，公司积极投入中国快速发展的国际化进程和城镇化建设，从中获得大量的实践机会。

尚思建筑是一个年轻且充满活力的团队，这个团队拥有国际视野，受多元文化熏陶，对艺术有执着的偏爱；同时，团队积极思考当下的建筑活动，从纷繁芜杂的设计环境中寻找每一个项目的最佳解决方案。

DON ISLAND SEVEN STAR

唐岛七星

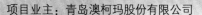

项目业主：青岛澳柯玛股份有限公司
建设地点：山东 青岛
建筑功能：办公写字楼
用地面积：156 000平方米
建筑面积：14 680平方米
设计时间：2013年12月
项目状态：方案设计
设计单位：尚思国际建筑设计顾问有限公司
设计团队：黄水坤、陶巍

　　项目位于青岛市开发区，由原公寓式酒店方案调整为5A级写字楼，设计灵感来自项目所处地青岛唐岛湾。造型立意来自扬帆出海的帆船，高耸的塔楼犹如乘风破浪的风帆，不仅使建筑的外形充满现代感，又隐喻着"开拓、进取"的精神。

　　方案注重建筑与城市空间的呼应，塔楼和裙房设计简洁纯朴，与周围其他高层建筑共同创造出优美的海岸天际线。

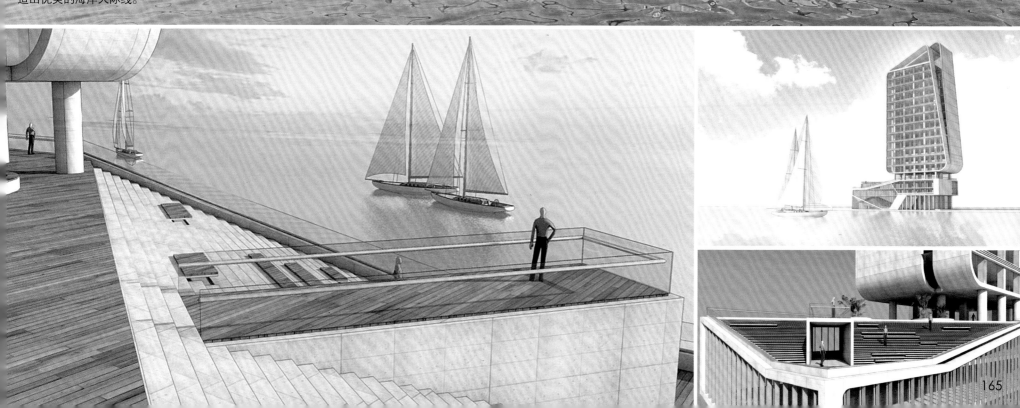

BAODI WOMEN AND CHILDREN HOSPITAL

宝坻妇幼医院

项目业主：宝坻妇幼医院
建设地点：天津
建筑功能：综合性妇幼医院
用地面积：26 000平方米
建筑面积：21 710平方米
设计时间：2013年06月
项目状态：在建
设计单位：简思国际建筑设计顾问有限公司
设计团队：黄艺斌、龚卫明

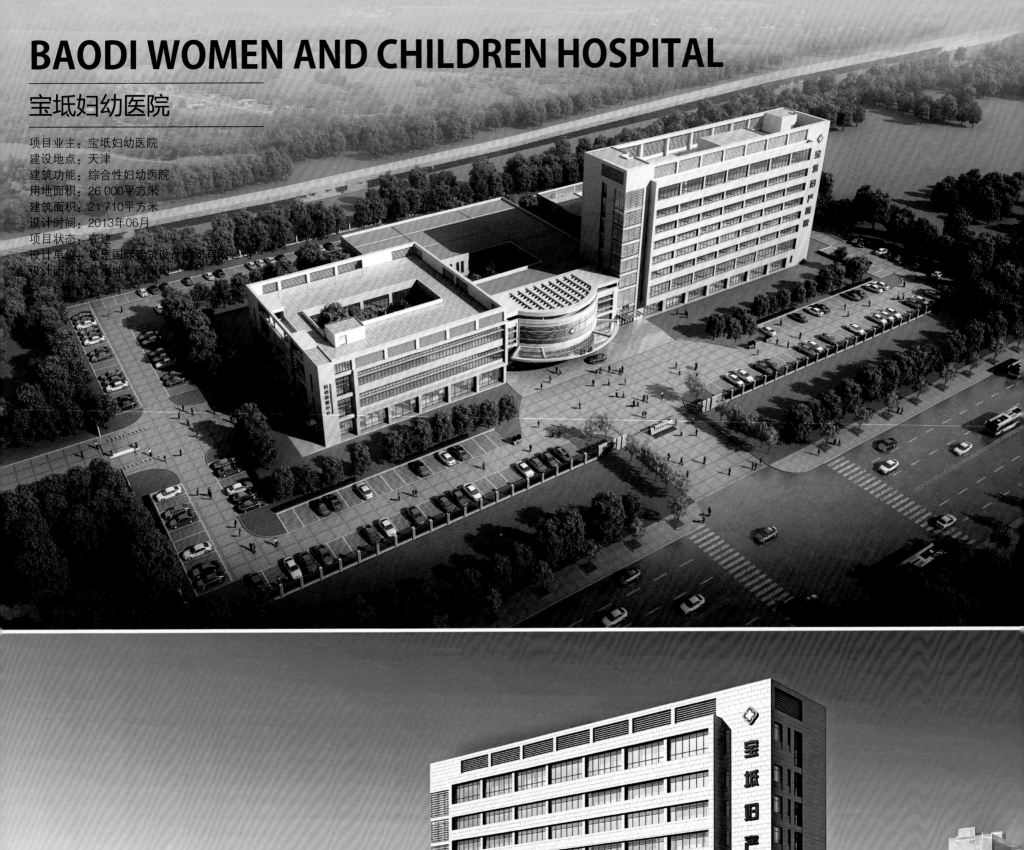

宝坻妇幼公共卫生医疗中心是一座集妇产医院、妇幼保健于一体的综合性医院，设计的着重点在于内部功能布局的紧凑性、便捷性、流畅性以及温馨舒适医疗环境的塑造。

建筑总体由三部分组成：门诊大楼、妇幼保健中心、住院部。建筑布局沿街展开，主楼立面虚实结合，采用石材和玻璃的组合，横向的局部划分，统一中富有变化。保健中心也以横线条为主，突出宁静稳重的感觉。

LIJIN CULTURAL CENTER

利津文化中心

项目业主：利津县政府
建设地点：山东 利津
建筑功能：文化博物馆
用地面积：38 000平方米
建筑面积：14 646平方米
设计时间：2013年12月
项目状态：中标方案
设计单位：尚思国际建筑设计顾问有限公司
设计团队：陶巍、徐阳阳

　　项目位于山东省利津县，设计依据整个行政文化中心的空间关系来确定建筑的基本布局，并以"龙腾铁门关，凤舞利津城"为设计理念，将凤凰、黄河、铁门关等利津文化元素融入建筑设计中。
　　主体建筑采用两侧对称布局的方式（西侧为影剧院和文化馆，东侧为图书馆和档案馆）使新建的文化中心与原有博物馆空间巧妙结合。
　　建筑造型采用"起凤台"的设计理念，通过坡地建筑的形式使整个建筑与场地完全融合在一起，使新建建筑消隐在整体环境之中。中心广场巧妙地借用了利津铁门关的建筑元素，而水系景观结合黄河的"几"字形寓意黄河与利津的渊源。

仪凤翔空——起凤台

tái

台【名】

与室屋同意。按积土四方高丈曰台，不方者曰观曰阙。本义：用土筑成的方形的高而平的建筑物，是最古老的园林建筑形式之一（如点将台、观星台）。这种建筑形式植根于中国深厚的传统文化，表现出鲜明的人文主义精神，从人的审美心理出发，为人所能欣赏和理解。

象形文字"台"　演化

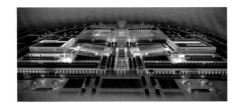

基地北侧的利津博物馆建筑造型如凤凰展翅，气势恢宏。本项目设计时从中国传统建筑形式"台"入手，取"起凤台"之意，寓意文化中心是知识文化的殿堂，为利津的发展建设提供了良好的文化平台，同时也为利津的建设培养了大量的人才，而利津就像凤凰一样在这个平台上腾飞。

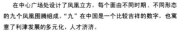

在中心广场处设计了凤凰立方，每个面由不同时期、不同形态的九个凤凰图腾组成，"九"在中国是一个比较吉祥的数字，也寓意了利津发展的多元化，人才济济。

MIN SHENG MISSION

民盛观澜

项目业主：西召民盛置业有限公司
建设地点：山东 日照
建筑功能：养生养老社区
用地面积：470 000平方米
建筑面积：81 000平方米
设计时间：2013年09月
项目状态：在建
设计单位：尚思国际建筑设计顾问有限公司
设计团队：杨茹、黄水坤

　　项目位于山东省日照市五莲松月湖畔，产品主打绿色节能养生养老住区，规划依据原有自然地形地貌，遵循因地制宜、依山就势的山地设计原则，形成前朱雀、后玄武的风水格局，同时注重对原有山石、林木的保护。在单体的设计上，因势而起让建筑犹如山坡上的大树、岩石一样生长在自然中，营造出一种"蝉噪林逾静，鸟鸣山更幽"的人居意境。

胡建新

职务：公司总建筑师
　　　建筑创作研究所/所长
职称：国家一级注册建筑师

教育背景
1991年—1996年　清华大学/建筑学院/建筑系/学士

工作经历
1996年—2003年　中国航空工业规划设计研究院
2003年至今　　　北京华清安地建筑设计事务所有限公司

弓箭

职务：历史与文化建筑研究所/所长
职称：国家一级注册建筑师
　　　高级工程师

教育背景
1995年—2000年　重庆建筑大学/建筑系/学士
2007年—2010年　清华大学/建筑学院/建筑系/硕士

工作经历
2000年—2003年　中国航空工业规划设计研究院
2003年至今　　　北京华清安地建筑设计事务所有限公司

杨伯寅

职务：规划与建筑创作中心/总建筑师

教育背景
2001年—2006年　哈尔滨工业大学/建筑学院/建筑系/学士
2006年—2008年　英国爱丁堡大学/建筑学院/建筑学/硕士

工作经历
2008年至今　北京华清安地建筑设计事务所有限公司

张冰冰

职务：建筑创作研究所/总建筑师

教育背景
2000年—2005年　北京工业大学/建筑学院/建筑系/学士

工作经历
2005年至今　北京华清安地建筑设计事务所有限公司

清華建築　安地設計　北京华清安地建筑设计事务所有限公司
AN-DESIGN ARCHITECTS

地址：北京市海淀区中关村东路8号东升大厦B座408
电话：010-82527886
传真：010-82527991
网址：www.anditsinghua.com
电子邮箱：andi_hr@163.com

北京华清安地建筑设计事务所有限公司，原名北京清华安地建筑设计顾问有限责任公司，作为清华大学建筑学院建筑设计实践的基地，"产、学、研"相结合的实践平台，由清华大学建筑学院主办，1994年经建设部和国家教委特批，1995年3月正式工商注册。

安地公司参加了国家大剧院、2008年北京奥运会、2009年北京花博会、2010年上海世博会中国馆等重大建设项目的设计投标，获得了令人瞩目的成绩。清华附小获得2005年国家设计金奖；北京故宫博物院午门博物馆获得联合国教科文组织亚太地区创新大奖；清华附小、九寨沟国际大酒店、金昌文化中心、成都宽窄巷子历史文化街区4个项目获得中国建筑学会2009年"建国60周年建筑创作大奖"。

安地公司现有建筑设计、建筑创作、城市设计、景观设计、历史与文化建筑、规划与建筑创作6个核心设计所，结构、机电两个专业所，工业遗产研究中心，18个教授工作室，与境外设计公司建立了稳定的合作关系。作为组织完善的设计企业，安地构建了教学实践、学术研究、规划设计、配套服务的组织框架。

THE HISTORICAL AND CULTURAL PROTECTION DISTRICT OF KUANZHAIXIANGZI, CHENGDU

成都宽窄巷子历史文化保护区

项目业主：成都少城建设管理有限公司
建设地点：四川 成都
占地面积：66 000平方米
建筑面积：60 000平方米
设计时间：2003年—2008年
设计单位：北京华清安地建筑设计事务所有限公司
获奖情况：中华人民共和国教育部2009年优秀勘察设计规划一等奖
　　　　　2009年中国建筑学会建筑创作大奖(60年)
设计团队：刘伯英、黄靖、弓箭、古红樱、白鹤、陈禹夙、张冰冰

　　成都宽窄巷子位于成都市中心区域，天府广场西侧约1 000米为青羊区所辖。其中宽巷子、窄巷子、井巷子三条巷子所辖地段为重点保护区。

　　宽窄巷子为清代少城（满城）兵丁胡同中仅存的两条，区内多为清末民初时期的木结构民居建筑，基本保持了百年前的历史风貌。随着市场经济的快速发展与房地产业的高歌猛进，历史街区的生存环境与生存状态令人担忧。在成都市政府的大力支持下，遵循住建部有关城市历史街区的紫线保护条例，规划设计在严格保护原则的基础上进行详细的测绘、调研，制定保护、维修、复建、更新的办法。

　　规划研究与设计力图在三方面有所突破与创新：①探寻少城（满城）的历史根源，发掘少城的独特文化内涵；②摸索历史街区城市更新的办法，达到均衡社会效益与公平的原则；③建立川西木结构建筑的维修、改造模式，为其他地方的木结构建筑在现代功能的使用上提供思路。

173

BLOCK B, AOMEN WEST STREET, SANFANGQIXIANG DISTRICT, FUZHOU

福州三坊七巷澳门西路B地块

项目业主：福州三合房地产开发有限公司
建设地点：福建 福州
占地面积：2 505平方米
建筑面积：5 360平方米
设计时间：2007年—2009年
设计单位：北京华清安地建筑设计事务所有限公司
设计团队：胡建新、黄靖、弓箭、白鹤
获奖情况：教育部2011年优秀工程勘察设计优秀建筑工程设计
　　　　　中国建筑学会第四届中国威海国际建筑设计大奖赛优秀奖

　　澳门西路B地块位于"三坊七巷"主轴南后街南端，乌山脚下，是联系福州市内重要的历史人文景观和自然景观的关键地段，是"三坊七巷"历史街区的主要控制地段与主发展轴，区块内部有"林则徐纪念馆""张天福旧居""老佛殿"等具有很高的历史文化价值的建筑。

　　本工程整体以"保护、民俗、整合、创新"为前提，建筑东西长约63米，南北长约40米。建筑北侧紧邻安泰河，为主要风貌控制面，担负着片区整个发展主轴的建筑形态及民俗文化展示的重任。故在沿河方向及东、西侧街巷以传统风貌建筑形式进行设计，即采用福州特有的临街建筑形式——柴栏厝，进行空间设计组合。张天福旧居为迁建保护项目，本着尊重历史、保护与更新相协调的原则，我们对张天福址在搬迁前进行了详细的建筑测绘、记录与调研，并对迁建及修复方案进行深入详细的设计，力求落成后的旧居保留原始风貌特点及厚重的文化内涵。

YAOBU ANCIENT TOWN, LIUZHOU

柳州窑埠古镇

项目业主：阳光100集团
建设地点：广西 柳州
占地面积：38 340平方米
建筑面积：56 011平方米
设计时间：2011年—2013年
设计单位：北京华清安地建筑设计事务所有限公司
设计团队：刘伯英、弓箭、陈铁夫、陈禹夙、宁永嘉、吴琼、冯婕、叶思茂
获奖情况：2013年全国人居经典建筑规划设计方案竞赛规划、建筑双金奖

柳州窑埠因"窑""埠"闻名。"窑"，因历史上烧制砖瓦石灰而闻名，其历史沧桑感能够唤起人们对历史的追忆；"埠"，曾是古津渡口，历史可追溯至汉代，是见证柳州城发展历程的历史印迹。窑埠古镇的定位以"窑""埠"为主题，融合柳州民族风情元素，体现桂中北地区传统建筑风貌的古镇。

项目作为"百里柳江"的开篇，沿柳江打造出一条由古至今的时空长廊，希望通过建筑风格的更替，为观者带来时空长廊的观感。

CHINA QIANG MUSUEM

中国羌族博物馆

项目业主：茂县文化体育局

建筑功能：博物馆

建筑面积：10 653平方米

设计时间：2009年05月—2009年09月

设计单位：北京华清安地建筑设计事务所有限公司

获奖情况：2013年建筑学会建筑创作金奖
　　　　　2013年教育部勘察设计一等奖

建设地点：四川 茂县

用地面积：40 000平方米

建筑高度：22.7米，局部构筑物37.05米

项目状态：建成

主创设计：胡建新、张冰冰

中国羌族博物馆的设计在建筑体量、形体上气势恢宏，而在细部处理与空间构成上又体现了羌寨民居的巧妙与灵动，于大气中更得精致，于恢宏中兼有隽永文质，达到了对传统的创新继承，是一种延续的生命力。

建筑形逸而神聚，宁静而不沉重，脱俗而不张扬，展现了羌族传统文化的悠久历史与厚重底蕴。

文化会展中心是迁安市人民广场的重要组成部分，包含图书馆、文化馆和会展中心三个部分。整个建筑以人民广场的东西轴线为主轴，面向人民广场方向为弧形墙面，是广场的视觉中心。弧形外墙面将外挂石材板及线条丰富的遮阳系统相结合。石材的厚重感很适合表现出大型公建的体积感。主体结构采用钢筋混凝土框架剪力墙结构，中央展厅大跨度屋盖采用张弦梁结构、金属屋面。建筑庄重大气，气势恢宏，具有时代特色，为迁安市特色中等城市建设添上了浓墨重彩的一笔。

QIAN'AN CULTURAL EXHIBITION CENTER

河北迁安市文化会展中心

项目业主：迁安市炎黄会展有限公司　　建设地点：河北 迁安
建筑功能：会展中心、图书馆和文化活动　用地面积：58 022平方米
建筑面积：25 025平方米　　　　　　　建筑高度：23.3米
设计时间：2005年5月—2005年10月　　项目状态：建成
设计单位：北京华清安地建筑设计事务所有限公司
主创设计：胡建新
获奖情况：2013年教育部勘察设计二等奖

INTEGRATED TEACHING BUILDING AND GRADUATE BUILDING OF JINGYUE CAMPUS, CHANGCHUN TAXATION COLLEGE

长春税务学院净月校区
综合教学楼、研究生楼

项目业主：长春税务学院　　　　　　建设地点：吉林 长春
建筑功能：教学楼　　　　　　　　　用地面积：38 450平方米
建筑面积：35 086平方米　　　　　　建筑高度：21.3米
设计时间：2003年06月—2004年03月　项目状态：建成
设计单位：北京华清安地建筑设计事务所有限公司
主创设计：胡建新
获奖情况：2007年教育部优秀建筑设计二等奖

　　规划和建筑设计的最初灵感来自长春伪满时期以圆形城市广场和轴线为特色的城市总体规划和建筑色彩独特的八大部建筑群。
　　建筑以现代风格为主，突出税务学院的特点：端庄、稳重、气派。以方正体形为主，通过构图、虚实变化形成多变灵巧、丰富流畅的室内外空间效果和视觉效果。两百人教室的中庭内凹凸面砖肌理组成的墙面和简洁的铺装，既赋予交通空间以新的功能又把阳光引入到了室内。入口中庭，阳光照耀时洒满斑驳的光影，为教学区增添了许多活泼的气氛。本工程主体结构为现浇钢筋混凝土框架。中庭、雨篷和连廊为钢结构。所有围护墙填充墙均采用当地的炉渣空心砌块加外聚苯保温板。外墙为咖啡色面砖，窗口采用氟碳喷涂，外窗采用灰色中空玻璃铝合金窗，局部为铝合金玻璃幕墙。面砖为建筑师亲自挑选，特制的纹理和色彩经过反复试制，表面有丰富的色差和肌理。在面砖的拼贴上，还采用了竖贴和斜贴等手法，在阳光下墙面呈现出丰富的光影和厚重感，既突出学府氛围和传统质感又达到了经济的目的。

FUZHOU EASTERN NEW TOWN BUSINESS CENTRE

福州东部新城商务办公中心

项目业主：福州市城乡建设发展总公司
建筑功能：办公
建筑面积：337 028平方米
设计时间：2010年—2012年
设计单位：北京华清安地建筑设计事务所有限公司

建设地点：福建 福州
用地面积：75 300平方米
建筑高度：79.1米
项目状态：建成
主创设计：刘伯英、林霄、杨伯寅

作为福州东部新城重点启动项目之一，东部新城商务办公中心需要解决一个使用中的矛盾：近期将作为福州临时的政务中心以缓解老城区市属机关的用地紧张问题，远期将作为东部新城商务中心区核心的商业办公区来使用。因此在设计中采用了适度规模的单体建筑组成轴线对称的建筑群来满足未来的功能转换和现在的形象要求。同时在立面设计中强调了中国传统元素和福州地域文化特色的应用和转译，突出了建筑的文化性和时代感，满足了建筑的个性和形象的要求。

胡勇

出生年月：1967年10月
职　　务：浙江南方建筑设计有限公司/副院长
　　　　　杭州南方九域建筑设计事务所有限公司/董事长兼总经理、总建筑师

教育背景
1985年9月—1990年7月　浙江大学/建筑系/建筑学/学士

工作经历
1990年07月—1994年05月　浙江现代建筑设计有限公司
1994年06月—1995年04月　深圳市建筑科学研究院
1995年05月—2001年07月　浙江省城乡规划设计研究院
2001年08月—2009年04月　浙江工业大学建筑规划设计研究院
2009年04月至今　　　　　浙江南方建筑设计有限公司、
　　　　　　　　　　　　杭州南方九域建筑设计事务所有限公司

主要设计作品
杭州JW万豪酒店
杭州海外海皇冠假日酒店
宁波宁海西子国际广场
苏州欧华中心
舟山科技创意产业园
郑州中义·阿卡迪亚居住小区
湖州凯莱国际居住小区
华洲中心一期
宁波恒元大酒店
宁波余姚阳明温泉山庄
江山金陵饭店及中宏御园
大连庄河明珠湖项目
宁波围海银座综合体
大连卧龙湾国际商务中心城市设计
荣获：2011年美国城市景观规划设计协会大奖
仙桃祥荣大酒店

吴为民

出生年月：1974年03月
职　　务：浙江南方建筑设计有限公司/主任建筑师
　　　　　杭州南方九域建筑设计事务所有限公司/副总建筑师

教育背景
1992年09月—1997年06月　浙江大学/建筑系/建筑学/学士

工作经历
1997年06月—2002年02月　浙江省城乡规划设计研究院
2002年02月—2008年07月　浙江绿城建筑设计有限公司
2008年08月至今　　　　　浙江南方建筑设计有限公司
　　　　　　　　　　　　杭州南方九域建筑设计事务所有限公司

主要设计作品
义乌商贸服务业集聚区城西街道山翁出让地块
大连东泉绿洲里酒店
大连庄河明珠湖休闲度假区
宋都集团大奇山郡生态社区及酒店等综合体
宁波宁海西子国际广场
宁波围海银座综合体
宁波中宇君悦国际花园
大连华南综合体
杭州新中宇·维萨
舟山祥生居住小区
宁波舜大东第住宅小区
余姚赛格特望湖路北侧住宅小区
余姚远东工业城企业会所、别墅
大连山里（三期）住宅小区
大连文化街桃园壹品
上林湖花园（别墅）
上虞·绿城桂花园
杭州桃花源
九溪玫瑰园
上海玫瑰园
绿城·青岛理想之城
杭州翡翠城西南区块
绿城·上海新江湾城D1地块

何静

出生年月：1972年11月
职　　务：浙江南方建筑设计有限公司/主任建筑师
　　　　　杭州南方九域建筑设计事务所有限公司/副总建筑师

教育背景
1989年09月—1994年06月　浙江大学/建筑系/建筑学/学士
1994年09月—1997年03月　浙江大学/建筑系/建筑设计与理论/硕士

工作经历
1997年04月—2009年04月　浙江省城乡规划设计研究院
2009年04月至今　　　　　浙江南方建筑设计有限公司
　　　　　　　　　　　　杭州南方九域建筑设计事务所有限公司

主要设计作品
江苏财经职业技术学院
大连华南城市综合体
宁波宁海西子国际广场
江山金陵大酒店暨中宏御园
苏州欧华中心
浙江三门庆达大湖塘新区项目
中国移动台州分公司
舟山科创园启动区
维时代广场商务办公中心
大连文化街桃园壹品
嵊泗东海外滩精品度假休闲酒店
象山半岛康桥住宅小区
余姚远东帝宝
宋都集团大奇山郡生态社区及酒店等综合体

地址：杭州市上城区白云路36号
电话：0571-85462610
传真：0571-87989581
网站：www.zsad.com.cn
电子邮箱：zsad999@163.com

浙江南方建筑设计有限公司是一家具有建设部工程设计甲级资质的建筑设计服务机构，始终致力于成为国内一流的专业建筑设计集群和优秀的学习型组织。公司努力寻求创新思维解决设计问题，把创造项目价值作为核心目标。

公司现有员工近400人，各类设计人员350多人，下设建筑、结构、设备、景观、效果图、动画等子公司及工作室20个，为有创新能力和卓越理想的设计师提供充分发挥潜力的平台。

公司积极开展与国际知名设计院所的交流与合作，先后与RPA、EDSA、SWA、WATG、DAC、博塔、皮奥兹、奥尔索普、矶崎新等国内外知名公司合作，共同参与学术研究与科技成果转化，不断提升团队技术水准。

综合体项目是南方设计重要的优势设计产品之一，公司专门组建了杭州南方九域建筑设计事务所有限公司，提供以高星级酒店、大型商业、写字楼及住宅为主要特征的综合体项目设计服务，由公司副总经理胡勇先生兼任该公司的总建筑师，近期创作的综合体项目有宁波宁海西子国际广场（大型商业、酒店、办公）、义乌商贸服务业集聚区城西街道山翁出让地块（商业、酒店、住宅）、大奇山郡酒店及生态社区、大连金悦国际（写字楼、商业、酒店、公寓、住宅等综合体）、苏州欧华中心（超高层写字楼、商业、酒店）、大连庄河明珠湖项目（商业、酒店、住宅等大型综合体）等，受到了业主的广泛好评。

JW MARRIOTT HOTEL HANGZHOU

杭州JW万豪酒店

项目业主：杭州武林置业有限公司
建设地点：浙江 杭州
建筑功能：酒店
用地面积：9 975平方米
建筑面积：80 391平方米
设计时间：2004年6月
项目状态：建成
主创设计：胡勇、胡月霞
获奖情况：2012年度杭州市建设工程西湖杯
　　　　　（优秀勘察设计）二等奖

　　本项目是业主与国际知名酒店管理集团——美国万豪国际酒店集团合作的酒店，包含旗下的万怡和奢华品牌JW万豪。酒店坐落于杭州市中心，毗邻杭州市政府，邻近武林广场。该项目布局理念先进，流线组织合理，造型典雅大方，达到万豪酒店管理集团设计标准。

NINGBO YUYAO · YANGMING HOT SPRINGS RESORT

宁波余姚·阳明温泉山庄

项目业主：余姚阳明山庄实业有限公司　　建设地点：浙江 余姚
建筑功能：度假酒店　　　　　　　　　　用地面积：46 656平方米
建筑面积：56 934平方米　　　　　　　　设计时间：2007年02月
项目状态：建成　　　　　　　　　　　　主创设计：胡勇
参与设计：岳彩云
获奖情况：2013年度浙江省建设工程钱江杯（优秀勘察设计）一等奖
　　　　　2013年度杭州市建设工程西湖杯（优秀勘察设计）三等奖

　　该项目是紧邻王阳明故居的高星级酒店，将度假休闲、娱乐、温泉洗浴作为酒店的核心定位，结合群山环绕、缓坡临溪的自然地形地貌，把当地的温泉、森林及"阳明"文化底蕴有机地结合起来，使消费者回归自然，并引领该区域酒店消费的新模式。

NINGBO NINGHAI XI ZI INTERNATIONAL PLAZA

宁波宁海西子国际广场

项目业主：宁波西子太平洋置业有限公司
建筑功能：综合体
建筑面积：310 497平方米
项目状态：在建

建设地点：浙江 宁海
用地面积：94 363平方米
设计时间：2013年11月
主创设计：胡勇、何静、吴为民

　　该项目位于宁海CBD核心区，是集酒店、酒店公寓、办公、大型商业及商业街于一体的大型城市综合体。预计本项目的建成与运营，将使桃源中路商圈成为体量最大、覆盖最广、影响最大的城市综合体项目。从而推动该商圈的发展，使之成为宁海的城市新中心。

DALIAN EAST SPRING LANE HOTEL OASIS

大连东泉绿洲里酒店

项目业主：大连东泉·绿洲里实业有限公司　建设地点：辽宁 大连
建筑功能：酒店　用地面积：65 611平方米
建筑面积：62 987平方米　设计时间：2009年12月
项目状态：建成　主创设计：胡勇、吴为民

　　该酒店是辽宁省温泉旅游重点项目中第一个落成的五星级标准温泉度假酒店，该项目将引领东泉绿洲里温泉花园小镇成为辽宁省温泉旅游的新地标。

HANGZHOU XINZHONGYU · VISA

杭州新中宇·维萨

项目业主：宁波新中宇集团公司
建设地点：浙江 杭州
建筑功能：住宅
用地面积：28 154平方米
建筑面积：125 698平方米
设计时间：2010年8月
项目状态：建成
主创设计：胡勇、吴为民

　　本项目地块位于杭州市彭埠单元R21-24地块，立足于从基地的社会、经济、环境与文化特点出发，地铁沿线上盖物业，生动时尚的外观及贴近市场的产品设计是该项目的主要特征。

YIWU INTERNATIONAL TRADE SERVICE AREA WEST STREETS SHAN WENG REMISE

义乌商贸服务业集聚区城西街道山翁出让地块

项目业主：浙江金绣房地产开发有限公司
建设地点：浙江 义乌
建筑功能：酒店、商业、住宅
用地面积：100 759平方米
建筑面积：391 650平方米
设计时间：2013年08月
项目状态：在建
主创设计：胡勇、吴为民、翟克勇
参与设计：何静、孙金月（结构）

本工程位于义乌市城西，北接雪峰西路，直通义乌市中心，设计以城市整体性为基础，将居住用地、商业与酒店功能综合考虑，创造具备整体性活力的城市建筑景观，塑造具有吸引力的城市形象，并对周边产生强有力的带动作用。

CHURCH HILL COUNTY GRAND HOTEL AND ECOLOGICAL COMMUNITIES

大奇山郡酒店及生态社区

项目业主：宋都集团
建设地点：浙江 桐庐
建筑功能：酒店、住宅
用地面积：614564平方米
建筑面积：490 043平方米，其中酒店部分建筑面积为34 065平方米，
　　　　　住宅部分建筑面积为45 5978平方米
设计时间：2010年04月
项目状态：部分建成
主创设计：胡勇、何静、吴为民
参与设计：岳彩云

　　本项目位于国际旅游黄金线之侧，大奇山国家森林公园旁，是以自然生态为优势，以高端休闲度假产品开发为主线，以高端物业及商务运营为催化，以优质人居环境见长，集旅游度假、运动健身、休闲娱乐、高档居住、花园商务多种功能为一体的旗舰产品。

胡 斌

出生年月：1972年11月
职　　务：主持建筑师
职　　称：副教授/高工

教育背景
重庆大学/建筑城规学院/博士研究生

工作经历
重庆大学建筑成规学院/教师
重庆联创建筑规划设计有限公司/主持建筑师

主要设计作品
重庆国奥村
重庆1942影视城
重庆创意产业园
南川市民广场商务中心

建筑思想
人的思想总归落在探索未来和了解过去上。我们思考未来才会有科学的进步，了解过去历史，人才不至于犯更多的错误。要是我们没有过去，就只有现在和未来，时代将不可持续。
核心建筑思想：尊重自然。建筑师在作业时，应充分考虑和培养建筑与建造环境的默契和共和，必要时，两者需要合作。

重庆联创建筑规划设计有限公司（简称：BCG联创机构）是一个能提供产品概念设计、建筑设计、规划设计、景观设计、建筑策划为一体的综合性的专业设计机构。

联创机构现有职工92人，国家一级注册建筑师、结构师6人，博士5人。联创机构不但拥有一批经验丰富的本土设计人员，更以良好的企业文化吸引了一批外籍设计人员加盟，双方互为融合，既能有效引进国外先进设计理念与文化，又能深悉本土技术与规范，因此形成了在技术与经济合理基础上有创新能力的团队。

实力雄厚的设计团队使我们的客户可以得到高质量的专业服务。联创机构为每一位员工取得专业上的突破而感到无比自豪，并通过对市场调研、员工培训和企业文化的不断强化，促使机构的无价资源得到进一步的发展。

我们的设计理念是基于研究、合作、创新的互动。通过研究得出具有创意的设计方案，在研究和创新的过程中，我们与众多不同领域的团队合作，我们的最终目标是为客户提供优质的设计，与客户共同为社会做出贡献。我们在中国的宗旨是通过自己的国际经验以及对中国文化、中国市场的了解，为我们的中国业主设计具有国际水准的项目。

目前联创机构的客户主要分布在重庆、四川、贵州、云南、湖北、江苏、西安、长春等大中城市。联创机构一直力求站在国内设计工程业界前沿，汇同国内设计工程业界各类精英人才，一起携手打造，使人、空间、建筑、环境呈现和谐、永恒的美。近几年，联创机构在硬件设施、文化内涵、服务质量上都等到了全方位的提升，尤其在传统历史建筑、五星级酒店、高尔夫别墅社区、高级洋房社区、绿色住区的建筑设计上成绩显著，得到客户及市场的好评。

电话：63002280
传真：6300280-608
地址：重庆市北部新区黄山大道中段水星A1座6楼

项目业主：重庆国奥实业发展有限公司
建设地点：重庆
建筑功能：住宅/商业
用地面积：322 336平方米
建筑面积：827 726 平方米
设计时间：2009年
项目状态：建成
设计单位：重庆联创建筑规划设计有限公司
主创设计：胡斌、杜洋
参与设计：魏波、何路遥
获奖情况：重庆国奥村低碳绿色住区
　　　　　重庆市绿色生态住宅小区
　　　　　2011年度精瑞科学技术奖住区规划优秀奖
　　　　　2011年中国人居范例最佳设计方案金奖
　　　　　2013年中国土木工程詹天佑奖优秀住宅小区金奖

设计理念
　（1）秉承北京奥运"绿色、科技、人文"三大理念的
原则——以绿色为基础、科技为支持、人文为关怀；
　（2）遵循国奥属性，坚持奥运、民族和地域的理念；
　（3）以地方建筑学的内涵为依托。

CHONGQING OLYMPIC VILLAGE

重庆国奥村

CHONGQING
CREATIVE
INDUSTRY PARK

重庆创意产业园

项目业主：重庆日报报业集团产业有限责任公司
建设地点：重庆
建筑功能：商业
用地面积：139 818平方米
建筑面积：369 540平方米
设计时间：2012年05月—2014年05月
项目状态：一期建成，二、三期在建
设计单位：重庆联创建筑规划设计有限公司
主创设计：胡斌、杜洋

设计风格：建筑的设计风格初步考虑为新现代主义风格与传统建筑风格的融合，现代时尚的玻璃体、传统的灰色民居色调元素互相结合，体现出一种时尚、亲切、精致的氛围。

设计手法：采用新现代建筑的处理手法，追求个性化的构图，注重立面的通透性。

建筑形态：建筑的形态特征取决于建筑所生存的环境。场地位置、场地走势、自然肌理等是构成建筑形态的主要因素。它们对建筑的接地形式、形体表现和空间形态的作用各不相同。

目的：创建"以人为本"的高尚办公生产创意园区，户户能观绿地、庭院、广场，表达的是一种等值的均好性，人·建筑·环境融于一体。

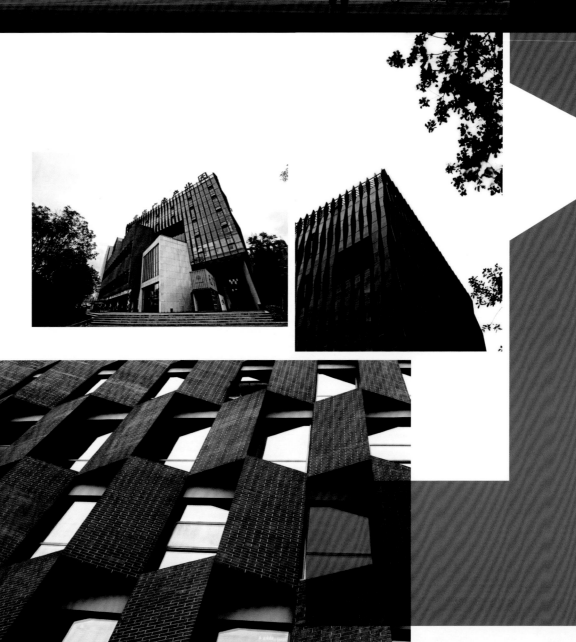

重庆创意产业园
**CHONGQING
CREATIVE
INDUSTRY PARK**

REPUBLIC STREET 1942 MOVIE

1942影视城民国街

项目业主：重庆两江国际文化创意产业建设投资有限公司
建设地点：重庆
建筑功能：商业
用地面积：31 755平方米
建筑面积：14 307平方米
设计时间：2011年
项目状态：建成
设计单位：重庆联创建筑规划设计有限公司
主创设计：胡斌
参与设计：杜洋

　　循着民国时期重庆的城市意象，在历史照片中捕获记忆中的城市空间形象，通过拼贴再现的手法展示城市的历史文脉，从而唤起老重庆人的山城记忆，通过空间的叙事，似曾相识的历史再现，生活化建筑场景，独具山城特色的建筑、路径、环境要素，创造出时空穿越的写实主义的历史空间。

NANCHUAN CIVIC PLAZA BUSINESS CENTER

南川市民广场商务中心

项目业主：重庆市南川区城市建设投资有限责任公司
建设地点：重庆
建筑功能：商业建筑
用地面积：108 116平方米
建筑面积：220 267平方米
设计时间：2009年05月
项目状态：在建
设计单位：重庆联创建筑规划设计有限公司
主创设计：胡斌
参与设计：杜洋、陈永庆、任君、魏波、何璐瑶

（1）整体设计风格在和周边环境、建筑相协调的基础上，充分考虑南川特有的文化，对商务中心的总体设计方案必须有创新，体现独有的特色和标志，整个中心环境优雅、大气，具有舒适性、创意性、整体性、教育性、功能性等特点和要求。

（2）商务中心的总体设计方案应该通过科学前瞻性等的布局设计，体现现代化、人文化、信息化、生态化的新城区特点，使用功能明确合理，各项公用服务设施设计、办公配套齐全，以满足各方使用的需要，使建筑与生态环境结合，并利用地形创造特色。

（3）合理安排生活、办公、附属设施等各种功能的布局及衔接，组织好各种交通流向，使其满足使用功能和工艺要求，做到技术经济合理。

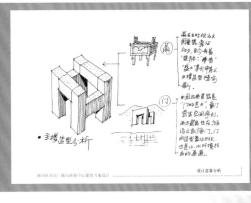

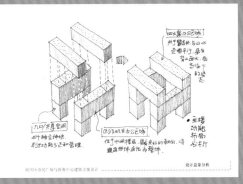

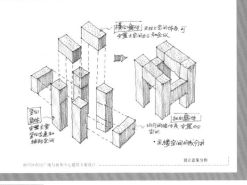

NANCHUAN
CIVIC
PLAZA
BUSINESS
CENTER

195

胡朝晖

出生年月：1968年05月
职　　务：董事长/主创建筑师
职　　称：高级工程师/国家一级注册建筑师/副教授

教育背景
1991年—1994年　湖南大学/建筑学/硕士

主要设计作品

广州·二沙岛国际皮划艇中心	荣获：2004年广州市优秀工程设计二等奖 2005年广东省优秀工程设计三等奖
广州·科学城中心区蓝轴，绿轴方案设计	荣获：2006年广州市城乡规划设计优秀项目一等奖 2007年广东省城乡规划设计优秀项目二等奖
广州·珠江帝景酒店	荣获：2006年广州市优秀工程设计三等奖
广州·科学城第二期用地控制性详细规划	荣获：2005年建设部优秀城市规划设计项目表扬奖
广州·广州开发区联和新村工程修建性详细规划	荣获：2009年广州市优秀城乡规划设计项目二等奖
惠州·惠东县县城文化中心	荣获：2009年中国环境艺术奖——最佳奖
广州·珠江帝景居住区A区住宅	荣获：2010年广州市优秀工程设计一等奖
广州·嘉富广场三期	荣获：2012年广州市优秀工程设计三等奖
合肥·合肥市中心医院	荣获：2012年广州市优秀工程设计一等奖 2013年广东省优秀工程设计二等奖

地址：广州科学城科学大道119号科城大厦B座
电话：020-82199185
传真：020-82199193
网址：www.kcdesign.cn
邮箱：gzscad@vip.163.com

科城设计成立于2000年，总部坐落于广州科学城中心区科城大厦，是一家主要从事城市规划设计、建筑设计、园林景观设计、市政工程设计、国土规划、工程测绘、城市开发建设咨询和策划等业务的综合性设计单位，目前拥有广州市科城规划勘测技术有限公司、广州市科城建筑设计有限公司、广州市科城测绘技术有限公司，并在云南、福建、湖北、海南、新疆、北京、四川、重庆、安徽、内蒙古等地设有13家分公司。

公司目前已拥有城市规划甲级、建筑设计甲级、市政道路甲级、风景园林乙级、国土规划乙级、工程测绘乙级、工程咨询丙级等资质，并已全面通过ISO 9001质量管理体系认证，现已发展成为中国华南地区最大的民营设计机构。

科城设计秉承"把每个项目做到最好"的价值理念，不断追求创新，在设计行业中取得了显著成绩，其中产业园区的规划设计在全国处于行业领先地位，多个项目荣获国家、省级优秀奖，医疗建筑设计、酒店建筑设计在行业内也享有较高的声誉。公司市场范围现已遍及广东、广西、云南、福建、江西、湖北、湖南、河北、河南、山西、山东、四川、新疆、内蒙古、青海、西藏等地。

公司总部现有员工400多人，其中高级职称71人、国家注册建筑师24人、国家注册结构师29人、国家注册规划师32人、中级职称104人，专业涉及城市规划、建筑设计、景观园林、市政工程、项目管理、工程经济、计算机应用等多个领域。科城设计与哈尔滨工业大学、中山大学、华南理工大学、广东工业大学、华中科技大学、西安建筑科技大学、长安大学等多所高校建立了良好合作关系，实现产学研一体化发展。

"把每个项目做到最好"是公司的服务宗旨；"以科学精神，创城市精彩"是公司不懈追求的目标。公司将以精湛的设计、优质的服务，竭诚为社会提供技术服务。

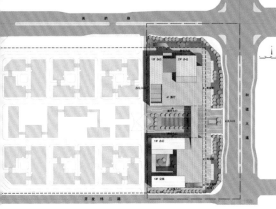

HANDAN · THE SMALL AND MEDIUM-SIZED ENTERPRISE ACCELERATOR PARK PHASE II

邯郸·中小企业加速器二期

项目业主：邯郸高新技术创业服务中心有限公司
建筑功能：办公、商业建筑
建筑面积：127 560平方米
项目状态：方案报建
设计团队：胡朝晖、邹志、邹昆池等

建设地点：河北 邯郸
用地面积：49 350平方米
设计时间：2013年
设计单位：广州市科城建筑设计有限公司

项目是园区东入口的门户标志性建筑。除满足加速器园区内综合办公及展厅、蓝领公寓、配套商业等多种开发建设功能需求外，作为园区的门户，我们提出"创新之门、科技纽带"的设计概念，即连接南北地块建筑的大跨度天桥，跨越园区中轴线，形成了园区东入口的大门形象，体现了"创新之门"的理念；办公楼与商业裙房形成飘带形的外轮廓，以体现"科技纽带"的理念。科技元素的运用和模仿电子线路图的肌理铺装，营造出富有科技感的整体形象。

197

FIRST PEOPLE'S HOSPITAL CONSTRUCTION PROJECT, ZHAOQING

肇庆市第一人民医院新院建设工程

项目业主：肇庆市第一人民医院
建设地点：广东 肇庆
建筑功能：医疗建筑
用地面积：115 006平方米
建筑面积：191 807平方米
床 位 数：1 800床
设计时间：2009年
项目状态：建成
设计单位：广州市科城建筑设计有限公司
设计团队：胡朝晖、李德民、王志鹏、宋金祥等

肇庆市第一人民医院新院建设用地位于肇庆市东新区星湖大道东侧，南临东岗东路，东临信安路，西临星湖大道，其中星湖大道和信安路为城市主干道。应对周边道路和主入口的关系，将本案设计成一环两轴的规划结构。

两条主轴分别为内轴和外轴。其中，内轴连通南面主入口，是门诊、医技、住院等功能区的联系主轴；在医院的内轴，设计了公共空间系统，通过四层高的中央大厅，半开敞的绿化休闲空间，多个形态不同的庭院，塑造医院充满阳光、绿树、清风的诊疗环境，为患者就医过程带来舒适的体验。

第二条轴线为外轴，与医院次入口连接形成环路。由于诊疗活动的特点，行政辅助区和医疗区需相对分离又要联系方便。通过这条外轴将医院分为西侧的行政辅助区和东侧的医疗区，在医疗区和行政区之间引入绿化带、水景，形成天然的景观隔离，又在必要的节点设置连廊，保持流线通畅。

199

HUIMIN SQUARE IN DAYAWAN ECONOMIC AND TECHNOLOGICAL DEVELOPMENT ZONE (CENTRAL PARK)

大亚湾经济技术开发区惠民广场（中央公园）

项目业主：惠州大亚湾经济技术开发区住房和规划建设局
建设地点：广东 惠州
建筑功能：公共建筑
用地面积：23 237平方米
建筑面积：40 000平方米
设计时间：2012年
项目状态：项目投标
设计单位：广州市科城建筑设计有限公司
设计团队：胡朝晖、王志鹏、邹志、邹昆池、谢娇等
获奖情况：投标第一名

　　大亚湾经济技术开发区惠民广场位于中心区北区的城市中轴线上，拟为大亚湾区打造一处融合图书阅览、城市展览、市民文化活动于一体，造型精美，功能完善的标识性公共建筑。

　　作为"海滨新城"的大亚湾区，船舶承载了城市记忆与区域认同感。通过富有雕塑感与力量的形体穿插组合，力求使项目体现出现代标志性、综合性文化建筑的特征。建筑二层架空层部分微向上抬起，由数个巨型"水晶柱"支撑，如蓄势待发的船舶，结合惠民广场"海之韵"的设计构思，建筑师提出了"文化方舟、扬帆起航"的设计概念。

DECORATION PROJECT FOR LINGNAN BUILDINGS IN GUANGZHOU LIANTANG VILLAGE

广州莲塘名村岭南建筑整饰工程设计

项目业主：广州正峰兆业投资有限公司
建设地点：广东 广州
建筑功能：商业、餐饮、酒店建筑(旧村改造)
用地面积：6 552 100平方米
设计时间：2013年
项目状态：方案报建
设计单位：广州市科城建筑设计有限公司
设计团队：胡朝晖、朱明、周晓青、王金波等

莲塘村位于广东省广州市萝岗区西北部，是萝岗区唯一一个名镇名村建设点，属于广州14个名镇名村建设点之一，项目将保持莲塘村独特的岭南村落肌理，挖掘乡村文化内涵，具体演绎休闲、创意、艺术以及乡村文化体验功能，将其打造成为美丽乡村暨岭南田园文化体验目的地的先行区和示范区。

莲塘村拥有玄武山、荷花塘、白玉森林公园等原生态资源，自然风光优美；建村已有700多年，文化底蕴深厚，拥有陈氏祠堂、鸿佑家塾、友恭书室等具有浓郁岭南特色的人文古建，保留了较完整的岭南特色古村落和古建筑群。

通过分析莲塘村内外部条件、政策背景以及上层次规划，探索莲塘村核心竞争力以及对古建筑的现场调研，构想出"观山水—品莲花—修禅道—悟人生"的整体设计思想，总结出"莲塘福地，禅修溪谷"的规划主题思想，进而打造出"以莲塘古村落为核心，以山水田园、莲禅文化为载体，集文化创意、休闲旅游、养生度假于一体的城市度假休闲目的地"。

东广场　　　　　　　　　　　　西广场通道　　　　　　　　　　　断墙广场

西广场　　　　　　　　　　　　街道

街道

山东省建筑设计研究院
Shandong Provincial Architectural Design Institute

■ 侯朝晖 · 总工工作室

侯朝晖

出生年月：1968年10月
职　　务：建筑专业/总工程师
职　　称：应用技术研究员

社会职务
中国建筑学会/建筑师分会/理事
济南市政协/委员
山东省直青联/委员
山东土木学会/建筑创作委员会/副主任
山东省建筑节能委员会/委员
山东省消防标准技术委员会/委员
山东建筑大学/客座教授

教育背景
1986年—1990年　东南大学/建筑学/学士
2006年—2008年　天津大学/建筑技术及理论专业/硕士

工作经历
1990年至今　山东省建筑设计研究院/建筑专业/总工程师

个人荣誉
山东省十佳建筑师
中国建筑学会青年建筑师奖
山东省工程设计大师
汶川抗震救灾建设三等功
山东省有突出贡献中青年专家

主要设计作品
山东莒县博物馆
京沪高铁济南西客站
山东师范大学附属中学幸福柳分校
山东广播影视职业学院
山东电子职工技术学院新校区

地址：山东济南市市中区经四路小纬四路2号
电话：0531-87913011
传真：0531-87913010
网址：www.sdad.cn
电子邮箱：sdad1953@163.com

公晓丽　　　　李先俭　　　　王韬　　　　吴孟辰　　　　徐姗姗　　　　闫佳
职称：工程师　　职称：工程师　　职称：工程师　　职称：工程师　　职称：工程师　　职称：工程师

　　山东省建筑设计研究院始建于1953年，位于泉城济南，是山东省规模最大的以建筑工程、城乡规划、工程咨询为主的综合性甲级设计研究院。

　　山东省建筑设计研究院侯朝晖·总工工作室成立于2008年，是院内方案创作的先锋力量，是一个充满活力、锐意进取的设计团队，依托山东省建筑设计研究院良好的技术平台，致力于建筑创作和建造实践。

　　工作室的设计作品涵盖教育文化、交通设施、医疗卫生、商业办公、城市设计等范畴，作品通过其高品质的设计创意和建成效果逐渐被关注，获得了良好的社会反响，并获得省优、部优奖多项。

　　近年来工作室以精益求精的设计态度从事建筑创作，秉承"源于环境，源于文化，源于时代"的设计理念，使得报送方案赢得专家及业主的肯定，并相继得以实施，包括京沪高铁济南西客站、山东影视职业学院、莒县博物馆、六安市中医院、怀远中医院新院区、广西中医学院新校区、新疆岳普湖福利院等。

　　工作室建筑师一丝不苟，坚持质量至上，坚持创新。工作室将一直坚持自己的理念，以平和的心态和执着的精神，在力所能及的专业范围内发挥积极作用。

JU COUNTY MUSEUM

莒县博物馆

项目业主：莒县文化体育广播电视局
建筑功能：博物馆
建筑面积：13 293平方米
项目状态：建成
获奖情况：山东省优秀工程设计一等奖

建设地点：山东 莒县
用地面积：19 424平方米
设计时间：2006年
设计单位：山东省建筑设计研究院　侯朝晖总工工作室

考虑到项目选址的环境特殊性和大型公建形式与功能表达的重要性，设计确定了"融于整体，反映地方，经济适用"的指导思想，就是力求通过建筑的总体布局、形体组合和景观设计建立一座融于市民广场和新区环境、充满地域文化特色、亲切宜人的博物馆。同时注重把握时代脉络，突出建筑的文化性、地方性和标志性，塑造出内涵丰富、个性鲜明的建筑形象，使之成为市民广场乃至莒县一个新的景点，并在全省乃至全国形成一定的影响。

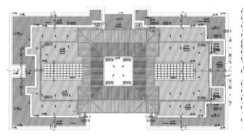

屋顶平面图

西立面图

JINAN WEST RAILWAY STATION ON BEIJING-SHANGHAI HIGH-SPEED RAIL

京沪高铁济南西客站

项目业主：铁道部
建设地点：山东 济南
建筑功能：京沪高铁站
建筑面积：100 000平方米
设计时间：2008年
项目状态：建成
设计单位：山东省建筑设计研究院 侯朝晖总工工作室
合作单位：铁道第三勘察设计院集团有限公司
获奖情况：山东省优秀工程设计一等奖

济南西客站是大型的铁路客运枢纽，集铁路、轻轨、公交、出租、社会车辆等市政交通设施为一体，车站建筑主体和为铁路车站服务的相关市政工程一并实施。交通换乘设计中力求做到"以人为本"，尽量减小旅客换乘距离。

设计过程中对车站高大空间的表现形式和利用给予足够的关注，对大空间的高度、空间观感、材质、色彩等方面加以着重考虑。在高大空间设计中，在屋面设采光带，不但使内部空间明亮、白天无须人工照明，而且节能效果很好。

内部空间设计除满足使用功能和空间感受外，还考虑商业的开发和利用，给旅客提供便利服务的同时，也能为车站创造良好的经济效益。

设计中推广采用新材料、新技术、新工艺。倡导"四节一保"，采用先进的雨水收集系统；建筑材料选取耐久性好，性价比高的材料；采用先进的结构体系，创造轻巧的屋面和雨棚形式；采用合理的管线布置方式。各种新理念的引入，将济南西客站建设成一座现代化的可持续发展的综合交通枢纽。

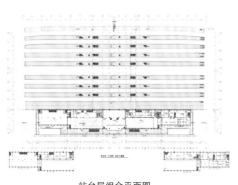

站台层组合平面图

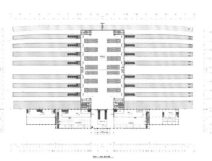

高架层组合平面图

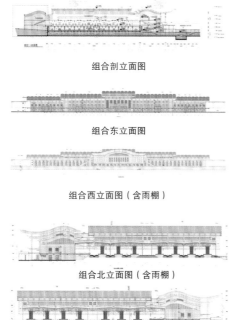

组合剖立面图

组合东立面图

组合西立面图（含雨棚）

组合北立面图（含雨棚）

组合南立面图（含雨棚）

SHANDONG VOCATIONAL COLLEGE OF BROADCASTING AND TELEVISION

山东广播影视职业学院

项目业主：山东广播影视职业学院　　　　建设地点：山东 章丘
建筑功能：大学校园　　　　　　　　　　用地面积：666 666平方米
建筑面积：234 315平方米　　　　　　　设计时间：2003年
项目状态：建成　　　　　　　　　　　　设计单位：山东省建筑设计研究院　侯朝晖总工工作室
获奖情况：山东省优秀工程设计一等奖
　　　　　建设部优秀工程设计三等奖

　　该工程位于章丘市济王公路以南，济王南路以北，明埠西路以西。该地段属城市快速发展区域，东临章丘市大学园区，地势平坦，四周自然环境及人文环境十分优越。校区起始规模为在校生3 000人，远期规模为在校生8 000人。

　　本次报审部分为教学实训楼、图书信息中心。作为新建校园的核心建筑，报审的两项工程均统一于校园总体规划，同时具有自身的特点。

　　教学实训楼由教学和实训两部分有机组成，充分体现职业学院的特色；图书行政中心兼有信息、图书、行政管理、礼仪形象展示等复合功能，不是单纯的图书馆，内部功能有其自身特色。

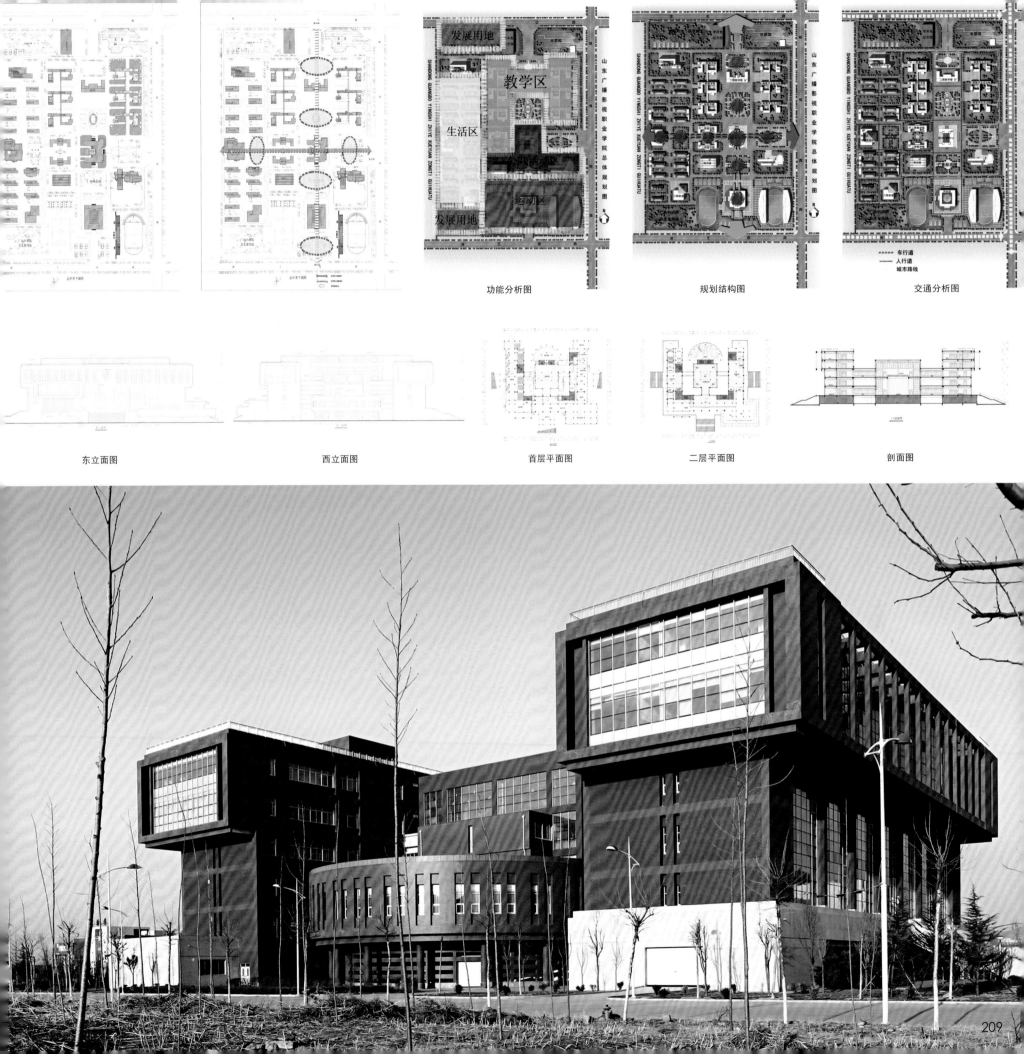

功能分析图

规划结构图

交通分析图

东立面图

西立面图

首层平面图

二层平面图

剖面图

SUZHOU MUNICIPAL HOSPITAL

宿州市立医院

项目业主：宿州市立医院　　　　　建设地点：安徽 宿州
建筑功能：医院　　　　　　　　　用地面积：339 000平方米
建筑面积：340 000平方米　　　　设计时间：2013年
项目状态：未建　　　　　　　　　设计单位：山东省建筑设计研究院　侯朝晖总工工作室

　　本项目规划为3 000床的综合三甲医院，定位为区域性超大规模的医疗中心，设施完备，建成后将成为当地医疗体系的龙头项目，社会意义重大。

　　作为区域性的大型医疗中心，其功能性是首要的，包括合理的分区组织与流线，同时应在设计中兼顾分期建设的可操作性，结合目前先进的有机生长模式，以综合诊疗为主，并突出重点学科，力求使之在分期建设中始终在国内医疗机构中保持先进性和可持续性。同时，作为新区的标志性建筑，塑造沿主干道的城市景观也是重点考虑的问题。

　　作为宿州新区的标志性项目，在设计中结合地域文化，采取"汴河之舟"的设计寓意，象征生命之舟扬帆远航，走向光辉灿烂的未来；同时，祝福新区及宿州的发展如乘风的巨舰，一往无前。

总平面图

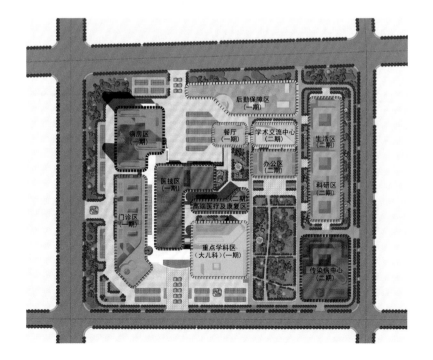

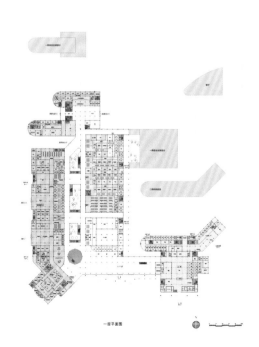

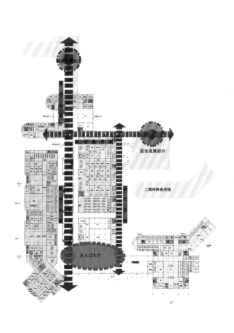

功能分区图　　　　　　　　　　　　　　　　一层平面图　　　　　　　　　　　　医疗街模式分析图

211

郝家勇

职务： 创始合伙人 总经理
职称： 国家一级注册建筑师

教育背景
1995年—2000年　沈阳建筑大学/建筑学/学士

工作经历
2000年—2004年　大连市建筑设计研究院
2004年—2008年　上海联创建筑设计有限公司
2008年至今　　　上海九思建筑设计事务所有限公司

主要设计作品
上海万科白马花园
上海保利维拉家园
上海信达郡庭
南京建邺万达广场
武汉积玉桥万达广场
武汉汉街壹号公馆
南宁万达公馆
淮南正源·金融世家
宜宾莱茵春天购物中心
宜宾东方时代广场
宜宾龙湾壹号
宜宾南溪丽雅时代

地址： 上海市浦东新区浦东南路528号
　　　　上海证券大厦N1901-03
电话： 021-68816886
传真： 021-68816887
网址： www.justudio.com.cn
邮箱： mk@justudio.com.cn

君子有九思：视思明，听思聪，色思温，貌思恭，言思忠，事思敬，疑思问，忿思难，见得思义。
——《论语·季氏》

九思建筑2008年创立于中国上海，是主要在城市综合体和商业地产领域从事专业服务的设计咨询机构。
九思建筑始终奉行"创意价值，设计精品"的专业宗旨，让产品更具价值，让客户长期获益。
九思建筑运用现代企业的管理方式，着力搭建一个开放的企业平台，让每一个同事能够快乐分享个人、团队和公司的成功。
九思建筑的核心竞争力主要体现在持续的创新能力、优质的精细设计和严密的管理流程。

NO.1 LONGWAN, YIBIN

宜宾龙湾壹号

项目业主：宜宾寅吾房地产有限责任公司
建设地点：四川 宜宾
建筑功能：住宅、商业、酒店、办公
建筑面积：352 000平方米
设计时间：2012年
竣工时间：2015年
设计团队：郝家勇、刘程、单莲辉、黄蓁蓁、卞秀琳、任司博、郑盈
获奖情况：2013年全国人居经典综合大奖

　　项目位于宜宾市三江口CBD区，用地北侧为长江，西侧为宜宾长江大桥，南侧为城市主干道。项目会集了高尚社区、休闲娱乐、购物餐饮和酒店会所等业态。商业设计立足于深入的场地分析，利用12米的地形高差，充分挖掘商业潜力，营造出多首层立体式的主题商业街区。住宅设计则依托长江的景观资源，着力打造均好性强、绿化率高、密度低、景观视野好的高品质社区。住宅、酒店、办公楼等高层建筑采用简约的Art-Deco风格，彰显品质，强化整体感。商业会所等低层建筑立面主要采用新中式风格，将"蜀汉风情""民国怀旧""典雅摩登"等概念主题结合到立面的设计之中，讲述历史文化故事，展现地域人文情怀。

WUHAN JIYUQIAO WANDA PLAZA PROJECT PHASE II

武汉积玉桥万达广场二期工程

项目业主：大连万达集团股份有限公司
建设地点：湖北 武汉
建筑功能：住宅、商业、酒店、SOHO办公
建筑面积：476 500平方米
设计时间：2010年
项目状态：建成
设计团队：郝家勇、林娜、刘程、霍大、苏晨、周海艳
获奖情况：第八届中国人居典范建筑规划设计方案竞赛建筑设计金奖

　　武汉积玉桥万达广场位于武汉市武昌区积玉桥，毗邻壮美的长江，遥望繁华的汉口。一期工程包括武汉万达中心写字楼和WESTIN酒店；二期工程包括超高层住宅、商业步行街、SOHO办公及商务酒店等。超高层住宅共五栋，采用U形半围合结构，户户可观江景，中央庭院景观面积可达两万平方米。住宅户型以三房为主，设独立服务电梯及工人房，全精装交付。商业步行街形成连续的界面，连接主要空间节点，以购物餐饮休闲等业态为主，SOHO办公与商务酒店布置于商业街之上。竖向线条为主的立面处理方式，使Art-Deco风格与现代风格相互协调统一，项目整体感强烈。

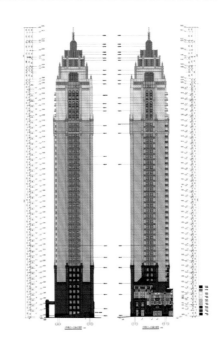

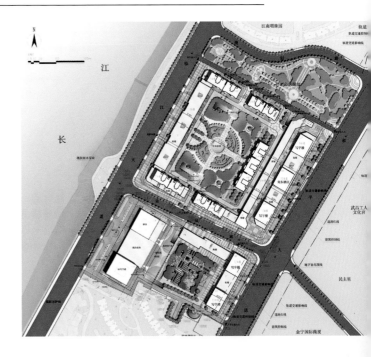

YIBIN ORIENTAL TIMES SQUARE

宜宾东方时代广场

项目业主：燕君贸易连锁有限责任公司
建设地点：四川 宜宾
建筑功能：商业、酒店、办公
建筑面积：114 000平方米
设计时间：2011年
项目状态：建成
设计团队：郝家勇、霍大、李晶玉、苏晨、周海艳

项目位于宜宾市南岸西区，紧邻城市主干道，由购物中心、超市、影院、酒店及办公等业态组成。方案以"城市客厅"为核心设计理念，着力表达开放、平等、包容的商业思想。总图采用半围合式布局，建筑充分退让城市边界，形成不同尺度的绿地与公共空间。场地中间设置为下沉式广场，利用便捷的交通与景观处理，将人流吸引到下沉式广场，为地下商业带来活力。内部商业动线简洁明晰，业态依据目的性强弱进行高低分区。建筑曲线退台式的形体充分体现了川南建筑的休闲特性，层层的绿化露台，塑造出具有当地生活特色的场景。

YIBIN RHINE SPRING MALL

宜宾莱茵春天购物中心

项目业主：宜宾丽雅置地有限责任公司
建设地点：四川 宜宾
建筑功能：商业
建筑面积：135 000平方米
设计时间：2010年
项目状态：建成
设计团队：郝家勇、刘程、霍大、苏晨

项目位于宜宾市南岸东区，是宜宾市第一个大型购物中心，主要功能包括百货、超市、餐饮、影院、精品购物街及地下停车等。本案作为一个城市级的购物中心，追求模式成熟、主题鲜明、特点突出的设计理念。结合多变的场地条件，项目采用"多首层"的策略，可达性强，极大地提升了各层的商业价值。在设计手法上，运用石材、陶板、彩釉玻璃及金属等多种材料的组合，强调虚实的对比、色彩的协调、体量的穿插，从而创造出时尚动感的建筑立面和人性化商业空间。

姜都

出生年月：1972年11月
职　　务：同元设计院建筑所/所长
职　　称：国家一级注册建筑师/工程师

教育背景
1996年7月　同济大学/建筑城规学院/建筑学/学士
2000年4月　同济大学/建筑城规学院/建筑学/硕士

工作经历
2000年至今　同济大学建筑设计研究院（集团）有限公司

获奖情况
中国勘察设计协会行业奖之建筑公建二等奖
教育部优秀勘察设计二等奖
全国优秀工程勘察设计行业奖三等奖
上海市优秀工程设计一等奖
江苏省城乡建设系统优秀勘察设计奖二等奖
上海优秀工程设计三等奖

成栋

出生年月：1978年11月
职　　务：四院建筑二室/主任、主任建筑师
职　　称：国家一级注册建筑师/工程师

教育背景
2002年7月　同济大学/建筑城规学院/建筑学/学士
2005年4月　同济大学/建筑城规学院/建筑学/硕士

工作经历
2005年至今　同济大学建筑设计研究院（集团）有限公司

获奖情况
国家优秀工程银质奖
教育部优秀勘察设计三等奖
上海市优秀工程设计一等奖
上海市建筑学会建筑创作佳作奖
江苏省优秀工程设计三等奖

崔鹏

出生年月：1981年03月
职　　务：同元设计院建筑所/副所长
职　　称：国家一级注册建筑师/工程师

教育背景
2004年7月　哈尔滨工业大学/建筑学院/建筑学/学士

工作经历
2005至今　同济大学建筑设计研究院（集团）有限公司

获奖情况
中国勘察设计协会行业奖之建筑公建二等奖
上海市优秀工程设计一等奖
上海国际青年建筑师作品展方案类三等奖
上海市建筑学会建筑创作佳作奖
江苏省优秀工程设计三等奖

王涤非

出生年月：1977年02月
职　　务：开元公司建筑所/所长
职　　称：国家一级注册建筑师/国家注册城市规划师/工程师

教育背景
2000年7月　同济大学/建筑城规学院/城市规划专业/学士
2003年3月　同济大学/建筑城规学院/建筑学/硕士

工作经历
2003年至今　同济大学建筑设计研究院（集团）有限公司

获奖情况
全国优秀工程勘察设计行业住宅与住宅小区三等奖
上海市优秀城镇住宅小区设计一等奖
上海市优秀住宅工程设计一等奖
上海市优秀工程咨询成果三等奖

同济大学建筑设计研究院（集团）有限公司
TONGJI ARCHITECTURAL DESIGN (GROUP) CO., Ltd.

　　同济大学建筑设计研究院成立于1958年，是全国知名的集团化管理的特大型甲级设计单位。持有国家建设部颁发的建筑、市政、桥梁、公路、岩土、地质、风景园林、环境污染防治、人防、文物保护等多项设计资质及国家计委颁发的工程咨询证书，是目前国内设计资质涵盖面最广的设计单位之一。经过50多年的积累和进取，该院拥有了雄厚的设计实力、丰富的人力资源、先进的设计手段。全院现有在职工933人，一级注册建筑师112名，一级注册结构工程师146名。1986年以来共有近200项设计作品获奖。

　　作为一所国际著名高校设计单位，设计院非常重视建筑教育，培养了一大批硕士生、博士生。此外，设计院具备丰富的对外交流合作经验，曾成功地与来自美国、加拿大、德国、法国、西班牙等国的著名事务所合作，并互派员工交流学习。按ISO 9001标准建立的质量保证体系通过了中国SAC和美国RAB的双重认证。自2001年起，与中国人民保险公司签订了每年累计赔偿一亿元人民币的工程设计险合同，有能力提供顶尖的设计产品和一流的咨询服务。

　　人才是企业的支柱，人才是企业的未来，同济大学建筑设计研究院把重视人才和营造留住人才机制作为企业立身之本，把培育员工的市场服务意识和社会责任感作为企业文化的灵魂，为人才提供丰厚的创作沃土，铺开辉煌的职业生涯，致力于让每一个人与同济大学建筑设计研究院一同成长壮大。

地址：上海杨浦区四平路1230号
电话：021-35375500
传真：021-65989084
网址：www.tjadri.com
电子邮箱：31jd@tjadri.com

WUHU FINANCIAL SERVICE PARK

芜湖市金融服务区

项目业主：芜湖宜居置业发展有限公司
建设地点：安徽 芜湖
建筑功能：金融、办公、商业
用地面积：40 500平方米
建筑面积：471 172平方米
设计时间：2010年
项目状态：建成
设计单位：同济大学建筑设计研究院
（集团）有限公司
主创设计：姜都、成栋

本项目位于芜湖城东新区商务文化中心的核心区块，新区南北中轴线的北端，新区市政府北面。七幢高层塔楼和两幢多层塔楼较为均匀地布置在整个地块内，各塔楼、裙房及中间的高架广场以架空廊道相互连接，使之成为在一、二层标高都能方便联系的有机整体。

建筑造型强调项目的整体性，整个建筑群强烈的标志性能从基地周边不同角度体现出来，给人以深刻印象。立面以石材、金属、玻璃为主要用材，通过规律而又错动的虚实对比，强化体积感与力量感，传递稳重而又不失时尚的金融建筑形象。

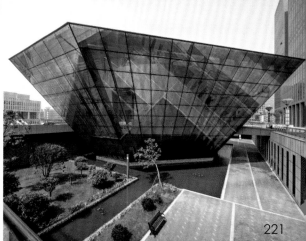

地块位于上海普陀区江宁路以东、澳门路以北、宜昌路以南、河滨围城以西。江宁路为主要的城市干道，近宜昌路口有高架路桥；宜昌路为次级干道，基地隔宜昌路与大型绿地即梦清园相望，景观极佳。

项目由西侧公建和北侧公建两部分组成，塔楼均为15层，高59.85米，其中南侧塔楼为整体出售的办公楼，北侧塔楼为出租办公楼，并提供了多样的办公空间选择，如跃层办公空间、公寓式办公空间、整体租售办公空间，各部分办公空间垂直交通，相互独立。裙房界面沿江宁路保持连续，功能以商业为主，最北端的裙房用作文化中心。

QIANSHUIWAN OFFICE AND COMMERCIAL COMPLEX

浅水湾办公商业综合体

项目业主：上海凯悦投资发展有限公司
建筑功能：办公、商业、文化
建筑面积：59 521平方米
项目状态：建成
主创设计：姜都、崔鹏

建设地点：上海
用地面积：12 998平方米
设计时间：2008年
设计单位：同济大学建筑设计研究院（集团）有限公司
获奖情况：2013年上海市优秀工程设计一等奖
　　　　　2013年中国勘察设计协会行业奖之建筑公建二等奖

RENAISSANCE SHANGHAI CAOHEJING HOTEL

漕河泾万丽酒店

项目业主：上海漕河泾开发区华港置业有限公司　　建设地点：上海
建筑功能：酒店、办公　　　　　　　　　　　　　用地面积：26 141平方米
建筑面积：94 592平方米　　　　　　　　　　　　设计时间：2008年
项目状态：建成
设计单位：同济大学建筑设计研究院（集团）有限公司
主创设计：姜都、成栋
获奖情况：2013年上海市优秀工程设计一等奖

　　项目用地位于上海漕河泾开发区内的现代服务业集聚区，西临古美路，北临田林路，南面与东面分别是服务集聚区的内部道路横一路与纵一路。周边地块多为各类型的办公园区。项目是一个以五星级酒店为主体，另外包括一栋公寓式办公和一栋写字楼在内的建筑群，总建筑面积近10万平方米。

　　项目规划条件中要求在用地东南角留出不少于2 500平方米的集中绿地，这也成为了用地最大的特点和亮点。考虑到建筑与绿地的关系，三栋塔楼呈U形围合中南部绿化，让建筑与景观环境有最大的界面，以L形展开的酒店裙房也使得这座城市酒店有了花园酒店的景观和氛围。建筑造型强调体块的理性和力度，用材是常用的石材与玻璃，但在细部处理、色彩搭配上精雕细琢、凹凸有致。黑色的金属框料、暖灰色的石材、富有细节的大面积玻璃窗、排风百叶的整体设计……均赋予酒店现代、简约而又高贵、典雅的气质。

RECONSTRUCTION AND EXTENSION OF CCB WUXI SANATORIUM

中国建设银行无锡疗养院改扩建

项目业主：中国建设银行无锡疗养院
建设地点：江苏 无锡
建筑功能：酒店、餐饮、会议
用地面积：43 300平方米
建筑面积：30 702平方米
设计时间：2013年
项目状态：在建
设计单位：同济大学建筑设计研究院
　　　　　（集团）有限公司
主创设计：崔鹏、王涤非

项目位于无锡市滨湖区马山镇，交通便利，地理位置优越，周边旅游资源丰富。
　　设计采取将规划、景观与建筑一体化的手法，通过对自然环境的充分理解与利用，巧妙地借用地势高差将任务书所要求的功能聚合为相辅相成、不可分割的整体，并且从景观环境的角度出发，使建筑成为景观的组成部分，将地域特色美学与现代建筑理念相结合，同时引入独特的企业文化与时尚元素，打造出一个具有现代创新精神、又充满江南园林意境的作品，体现出景观建筑的文化包容性。

QIANSHUIWAN KAIYUE RESIDENCE COMMUNITY

浅水湾恺悦名城

项目业主：上海恺悦投资发展有限公司
建设地点：上海
建筑功能：住宅
建筑面积：93 373平方米
用地面积：34 107平方米
设计时间：2005年—2008年
项目状态：建成
设计单位：同济大学建筑设计研究院（集团）有限公司
主创设计：王涤非、王玫
获奖情况：2012年上海市优秀住宅工程设计一等奖
2013年全国优秀工程勘察设计行业奖三等奖

项目位于上海普陀区，基地西侧及北侧为公建，住宅区位于较安静的基地东南侧。居住区采用人车分流解决交通，在步行交通主轴线上通过绿化以及小品等的处理强化空间与景观设计，突出了"步行优先、以人为本"的设计理念。

小区住宅定位为高标准、优景观的高档公寓。本方案充分利用景观视线，满足不同层次的居住要求。建筑立面采用竖向线条的手法，使建筑看上去更加挺拔、秀逸。凹凸有致的石材形成的竖向线条配合柔和的米黄色系，形成了与商业区共通的设计要素和色彩计划，整个街区的统一感得以加强。

ARCHITECTS

蓝健

出生日期：1967年11月
职　　务：总建筑师
职　　称：研究员/高级建筑师/国家一级注册建筑师

教育背景
1986年9月—1990年6月　苏州城建环保学院/建筑系

工作经历
1990年9月至今　南京市建筑设计研究院有限责任公司/总建筑师

个人荣誉
第九届中国建筑学会青年建筑师奖

主要获奖作品
昆山花桥苏豪国际商务广场	荣获：江苏省优秀工程设计一等奖
南京金陵王府	荣获：建设部优秀工程设计二等奖
无锡朗诗未来之家	荣获：江苏省优秀工程设计二等奖
无锡朗诗会所	荣获：江苏省优秀工程设计二等奖
南京水科院图书资料馆	荣获：江苏省优秀工程设计二等奖
南京金銮大厦	荣获：江苏省优秀工程设计二等奖
南京新庄酒店式公寓	荣获：江苏省优秀工程设计三等奖
南京万达购物广场	荣获：江苏省优秀工程设计三等奖

地址：江苏省南京市中山南路189号
邮编：210005
电话：025-84402033
传真：025-84401556
网址：www.njadi.com
电子邮箱：njadi_co.ltd@vip.163.com

　　南京市建筑设计研究院有限责任公司的前身是南京市建筑设计研究院，创建于1956年，为国家建筑行业（建筑工程）甲级建筑设计院。2003年底经南京市人民政府批准整体改制为有限责任公司。公司设计、科研力量雄厚，技术装备齐全先进。截至2011年12月，共有职工276人，其中专业技术人员246人，包括中高级专业技术人员180人。公司既拥有多名江苏省"333"学科带头人和享受国务院津贴的专家，又有数名国家级和省级结构抗震、建筑节能等专业知名专家，还有博士、硕士等高素质学科人才的储备。其中教授级高级建筑（工程）师16人，高级建筑（工程）师95人，高级规划师5人，中级规划师9人，国家一级注册建筑师33人，国家一级注册结构工程师47人，国家注册公用设备工程师28人，国家注册咨询工程师12人。

　　目前公司设有5个土建设计所、1个机电设计所（包含建筑环境与节能研究中心）、1个人防工程设计所、1个建筑智能设计所。公司配备有城市规划、建筑、结构、给排水、采暖及通风、电气照明、人防工程设计、建筑智能、计算机应用等专业。公司已建立了完整的计算机网络系统（包括局域网和宽带网），共有各类计算机和绘图仪等设备300余台（套）。各专业正版软件29套，实现了100%CAD出图。

　　公司以良好的专业素质为客户竭诚提供各类大中型民用建筑及工业建筑的综合设计服务以及各类城镇和居住小区的规划设计业务。涵盖工程建设的可行性研究分析、技术咨询、项目管理和其他技术合作、技术成果转让及工程总承包等各个阶段。同时，本公司还具有对外经济技术合作经营权。经历多年工程实践，公司尤其在超高层建筑与高层办公建筑、高档星级宾馆、城市综合体与商业建筑、居住区建筑、绿色建筑及建筑节能项目、医疗卫生建筑、文化教育与体育建筑、工业建筑、科技园区与研发建筑等类别中积累了丰富的经验。

　　公司十分重视科技进步与质量管理，通过了ISO 9001质量认证体系，始终以优质设计、优良服务作为经营宗旨。近年来，先后获得国家级、省级和市级优秀工程设计奖、科技进步奖130余项，在诚信评估、质量保证方面，公司名列江苏省前茅，多次获得江苏省诚信先进、质量先进、文明单位等荣誉称号。

　　与国内外知名设计公司如SOM公司、RTKL公司、KPF、EDSA设计公司（美国），凯达环球AEDAS、POPULOUS公司（英国），何斐德建筑设计事务所（法国），竹中株式会社、黑川纪章事务所、矶崎新工作室（日本），SAI设计公司（加拿大），UA设计集团、五合设计公司、COX公司、史葛卡弗有限公司（澳大利亚），意大利（贝尼尼公司），GMP集团（新加坡）以及吴瑞荣事务所、大原事务所（中国台湾），王董建筑师事务所、何显毅建筑师楼、巴马丹拿建筑设计事务所、贝思设计有限公司（中国香港）进行了诸多成功的设计合作。

　　公司致力于为客户和利益相关者创造更高价值。为客户提供专业化、个性化和最具特色的增值服务，在充分尊重市场需求和地域文化的基础上，以最优的策略解决建设项目中的功能问题、技术问题、经济问题及审美问题。公司突出员工的执业责任感和团队精神，将客户信任视作企业的生命。公司将以创新的理念、专业的服务以及不断超越自我的信心保证所有项目的圆满实施。

PHASE II PROJECT OF DEJI PLAZA, NANJING

南京德基广场二期工程 ——具有地标性的超高层城市综合体

项目业主：南京新宇房产开发有限公司
建设地点：江苏 南京
建筑功能：城市综合体
用地面积：21 350平方米
建筑面积：251 362平方米
设计时间：2005年
项目状态：竣工
设计单位：南京市建筑设计研究院有限责任公司
设计团队：左江、蓝健、路晓阳、陈波、李永漪、杨娟、王幸强、张建忠等
摄　　影：姚力

HOME OF FUTURE, LANDSEA, WUXI

无锡朗诗未来之家会所 ——通过建筑空间的内在表现探索城市地方文化

项目业主：南京朗诗置业股份有限公司
建设地点：江苏 无锡
建筑功能：会所
用地面积：3 500平方米
建筑面积：3 132平方米
设计时间：2006年
设计单位：南京市建筑设计研究院有限责任公司
设计团队：蓝健、常玲、江韩、王珊珊、张建忠、刘叶、刘清泉等
摄　　影：徐明

KUNSHAN HUAQIAO SOHO INTERNATIONAL COMMERCIAL PLAZA

昆山花桥苏豪国际商务广场 ——通过建筑的群组关系诠释空间开放性原则

项目业主：昆山苏豪投资有限公司
建设地点：江苏 昆山
建筑功能：写字楼、酒店、公寓
用地面积：33 333平方米
建筑面积：74 569平方米
设计时间：2007年
项目状态：竣工
设计单位：南京市建筑设计研究院有限责任公司
设计团队：蓝健、李超竑、沈劲宇、江韩、陈晓虎、梁建鸣、李昕荣等
摄　影：姚力

NANJING RONGQIAO COMMUNITY CENTER

南京融桥社区中心 ——城市中现代建筑的理性表现

项目业主：南京市河西新城区国有资产经营控股（集团）有限责任公司　　建设地点：江苏 南京
建筑功能：社区中心、商业　　　　　　　　　　　　　　　　　　　　　用地面积：15 254平方米
建筑面积：44 515平方米　　　　　　　　　　　　　　　　　　　　　　设计时间：2008年
项目状态：建成　　　　　　　　　　　　　　　　　　　　　　　　　　设计单位：南京市建筑设计研究院有限责任公司
设计团队：蓝健、王冰、周研、吴靖坤、李明宇、刘捷、罗均等　　　　　摄　　影：姚力

NANJING ZUTANG MOUNTAIN SOCIAL WELFARE INSTITUTE

南京市祖堂山社会福利院 ——宜居的新中式山中村落

项目业主：南京市祖堂山社会福利院
建筑功能：老人福利院
建筑面积：22 726平方米
项目状态：建成
设计团队：蓝健、罗明辉、雕骏、江韩、包庆裕、刘捷、陈瑾等

建设地点：江苏 南京
用地面积：43 307平方米
设计时间：2009年
设计单位：南京市建筑设计研究院有限责任公司
摄　　影：姚力

林建军

职务：董事/总经理
职称：高级建筑师

教育背景
西安建筑科技大学

工作经历
2011年至今　欧博设计

主要设计作品
深圳皇城金领假日公寓
深圳大鹏较场尾村综合整治项目（含规划、建筑、景观）
合肥蔚蓝商务港城市综合体
珠海保税区行政中心
苏州方正科技园
胡志明市PHUMYHUNG办公大楼

林建军先生自1993年毕业于西安建筑科技大学以来积累了丰富的建筑设计经验，完成的项目包括超高层办公楼、大型商业综合体、公寓、酒店、住宅等各种类型的建筑。
同时，林建军先生拥有丰富的企业管理经验，在他及各位同事的共同努力下，欧博设计正在积极良好的经营体系下不断发展。

丁荣

职务：董事/副总经理/执行总建筑师/ARD（建筑发展中心）总经理
　　　香港建筑师协会会员
职称：高级工程师/国家一级注册建筑师

教育背景
重庆建筑工程学院/建筑学/学士
重庆建筑工程学院/建筑学/硕士

工作经历
1999年—2007年　深圳左肖思建筑师事务所有限公司
2007至今　　　　欧博设计

主要设计作品
贵阳国际会议展览中心综合体
（含规划，201大厦、会议中心、展览中心等单体及景观）
深圳CFC长富中心
康佳研发大厦
贵阳市城乡规划展览馆
贵阳中天·未来方舟东悬中心

丁荣女士拥有二十多年建筑设计及项目管理经验，精通与优秀专业团队合作完成各种具挑战性的项目，如复杂的大型商业综合体和超高层办公楼。丁荣女士所负责的多个项目荣获国家级、省级、市级奖。

白宇西

职务：董事/副总经理/ARC（建筑创意中心）总经理、副总建筑师
　　　深圳市建筑设计审查专家库专家

教育背景
哈尔滨工业大学/建筑学院/建筑学/学士

工作经历
1999年至今　欧博设计

主要设计作品
贵阳国际会议展览中心综合体
（含规划，201大厦、会议中心、展览中心等单体及景观）
深圳CFC长富中心
深圳航天国际中心
中铁南方总部大厦
深圳湾创新科技中心

白宇西先生拥有十余年中国建筑设计经验，项目类型包括大型商业综合体、政府、高级住宅、公寓、购物中心等。白宇西先生毕业于哈尔滨工业大学建筑学院，所完成项目曾分别荣获中国人居典范建筑规划设计方案竞赛建筑设计金奖、全国人居经典方案综合大奖、优秀工程住宅建筑二等奖等多个奖项。

AUBE

法国欧博建筑与城市规划设计公司
深圳市欧博工程设计顾问有限公司

AUBE（欧博设计）以集成一体化理念专注提供建筑、规划、景观和工程的设计服务。作为一家国际的、领先的、持续的专业型公司，AUBE旗下拥有四大专业——欧博建筑、欧博规划、欧博工程和欧博景观。

地址：深圳华侨城生态广场C栋二层　　　电话：0755-26930794/26930795
传真：0755-26918376/26931190　　　网址：www.aube-archi.com　　　电子邮箱：szaube@aube-archi.com

杨光伟

职务：董事/ARC（建筑创意中心）副总经理、总建筑师
深圳市建筑设计审查专家库专家

教育背景
哈尔滨工业大学/建筑学院/建筑学/学士

工作经历
1999年至今　欧博设计

主要设计作品
贵阳国际会议展览中心综合体
（含规划，201大厦、会议中心、展览中心等单体及景观）
深圳CFC长富中心
嘉佳财富大厦
深圳鹏基商务大厦
贵阳中天·未来方舟中轴线规划设计

杨光伟先生拥有十年以上在中国进行建筑设计的经验，项目类型包括大型商业综合体、政府、高级住宅、公寓、购物中心等。杨光伟先生毕业于哈尔滨工业大学建筑学院，其完成的项目曾分别荣获十大建筑工程称号、全国人居经典建筑方案竞赛商务组综合大奖等多个奖项。

郭晓黎

职务：董事/副总经理/UPLA（规划景观中心）总经理
职称：国家一级注册建筑师
英国皇家规划师协会会员
美国环境与能源认证协会会员

教育背景
大连理工大学/建筑学/学士
英国卡迪夫大学/城市规划/硕士

工作经历
2006年—2013年　阿特金斯顾问（深圳）有限公司
2013年至今　欧博设计

主要设计作品
深圳大鹏较场尾村综合整治项目（含规划、建筑、景观）
贵阳乐湾国际项目规划与建筑设计
福州华侨城帝封江项目（含规划、建筑、景观）
深圳宝安沙埔工业区城市更新单元规划研究与城市设计
上海陆家嘴国际金融港概念规划与建筑方案设计

在当代快速发展的社会环境中，文丘里所述之"建筑的复杂性与矛盾性"远超以往任何时期，建筑与城市、单体与环境、功能与形式、室外与室内，乃至业主要求之多变性，为建筑设计提出了越来越高的要求。建筑设计关注的不仅仅是建筑本身，而是与建筑相关事物之间关联的重要性。尽管现代社会专业分工越分越细，但思想不分专业，知识不分壁垒，建筑设计应综合分析关联要素，大至城市脉络，小至室内家具，其结果可能是简洁的、纯粹的，其过程必然是复杂的、矛盾的。

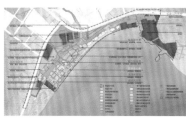

ARCHITECTURE 欧博建筑，致力于超高层建筑领域技术和美学的整合实践。
URBANISM 欧博规划，致力于城市更新领域系统和有序的发展实践。
BUILDING 欧博工程，致力于工程技术领域品质和价值的科学实践。
ENVIRONMENT 欧博景观，致力于城市公共空间领域活力和艺术的地域实践。

AUBE（欧博设计）设计团队由300余位极具设计创意和专业技能，并熟知中国市场的中外设计师组成，他们具有多元的文化和教育背景，拥有多国执业经历。截至目前，AUBE（欧博设计）参与和完成的中国境内重大设计项目有500余个。

AUBE（欧博设计）始终坚持倡导"国际化经验，地域化实践，设计提升价值"的设计理念以及"按国际水准提供专业化服务"的客户宗旨，并提倡以人为本、欢乐人生、欢乐职场的企业文化，与每一位朋友、同行及客户共创、共享、共同发展。

URBAN COMPLEX OF GUIYANG INTERNATIONAL CONFERENCE AND EXHIBITION CENTER

贵阳国际会议展览中心城市综合体

项目业主：中天城投集团股份有限公司
建设地点：贵州 贵阳
建筑功能：会展、会议、酒店、商业、办公、公寓
设计范围：建筑设计、景观设计、规划设计
包含子项：201大厦、国际会议中心、展览中心、商业中心、
　　　　　SOHO、风情商业街、退台商业、景观
用地面积：1 206 000平方米
建筑面积：8 888平方米
容 积 率：1.72
建筑高度：201米
设计时间：2009年
项目状态：建成
设计单位：AUBE（欧博设计）
获奖情况：
城市综合体　2011年全国人居经典建筑规划设计方案竞赛综合大奖
会议中心　　2012年LEED-NC（新建筑）铂金奖
　　　　　　2012年首届深圳市建筑工程施工图编制质量金奖
　　　　　　2012年首届深圳市建筑工程施工图编制质量电气专业优秀奖
　　　　　　2013年中国建筑设计奖（建筑电气）银奖
　　　　　　2013年中国建筑设计奖（建筑暖通）银奖
景观工程　　2012年深圳市第十五届优秀工程勘察设计风景园林设计三等奖

会议中心图

会议中心图

展览中心图

展览中心图

　　AUBE(欧博设计)在中国第一次采用建筑、规划、景观、工程"集成一体化"设计统筹模式，全程高效追求各领域卓越表现，是为客户带来经济效益和社会效益的全面持续提升的典型实践。该项目是一组超大规模的，以会议展览为依托的城市综合体建筑群，它的建成不仅成为贵阳市对外经贸活动的新窗口，又成为贵州省城市形象的展示平台和标杆。

"集成一体化"设计模式

　　规划在先，建筑景观辅佐；建筑景观深化、工程同步；有限的设计周期，合理的设计安排，滚动式设计人力资源整合，保证了一气呵成的设计成果品质。这就是"集成一体化"设计模式的核心价值所在。

规划专篇

　　一反城市会展与城市生活脱离的规划格局，以专业通畅的道路体系规划，科学的山地竖向设计，合理的功能分区，用"十字"主轴南北串联会展与SOHO办公，东西串联商业与201大厦，会议中心规划馆和酒店，使会展功能与城市生活功能叠加。

建筑专篇

　　以轮廓庞大的会展屋面为一张可操作的表皮，向东水平延展，包裹所有的功能空间。建筑以一种最直接的方式出现在基地之中，并以东西两端集中商业和201大厦成为收关之笔。地域性抽象图案成为建筑细节元素，渗透于各建筑界面与空间之中，形成一种当代与传统的对话，地域性和国际化的融合。

景观专篇

　　传统与时尚的碰撞，过去和发展的统一。东区、北区开放型城市公共空间的活力提升，南区、西区自然与人文特质差异性的塑造，实现了不同功能建筑的室外环境空间认知与精神愉悦的多重诉求。

工程专篇

　　会议中心集成欧博多项可持续发展的绿色专利技术，荣获LEED铂金奖和国家绿建三星标识。中天总部201大厦结构采用了钢支撑筒悬挂体系和双层呼吸式玻璃幕墙体系，是欧博超高层建筑领域技术与美学高度整合的完美案例。会展中心和会议中心采用了消防性能化设计手法，通过消防工程学理论计算和计算机模拟验证，解决了大尺度空间的消防疏散问题。

201大厦图

SOHO图

商业中心图

风情商业街图

退台商业图

景观图

COMPREHENSIVE RENOVATION PROJECT OF SHENZHEN DAPENG JIAOCHANGWEI VILLAGE

深圳大鹏较场尾村综合整治项目

项目业主：深圳市规划和国土资源委员会、深圳市大鹏新区政府
建设地点：广东 深圳
建筑功能：深圳滨海旅游民宿集聚区
设计范围：规划、建筑、景观
用地面积：560 000平方米
建筑面积：6 000平方米
景观面积：470 000平方米
建筑高度：10~15米
设计时间：2013年—2014年
项目状态：在建
设计单位：AUBE（欧博设计）

作为深圳第五代城市更新的先锋示范性项目，较场尾村综合整治是欧博设计在规划、景观、建筑、工程集成一体化设计实践中的又一扛鼎力作。

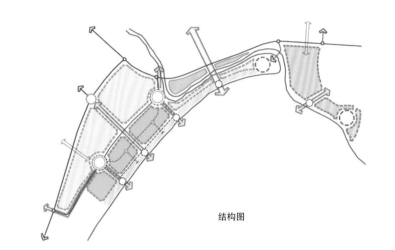

结构图

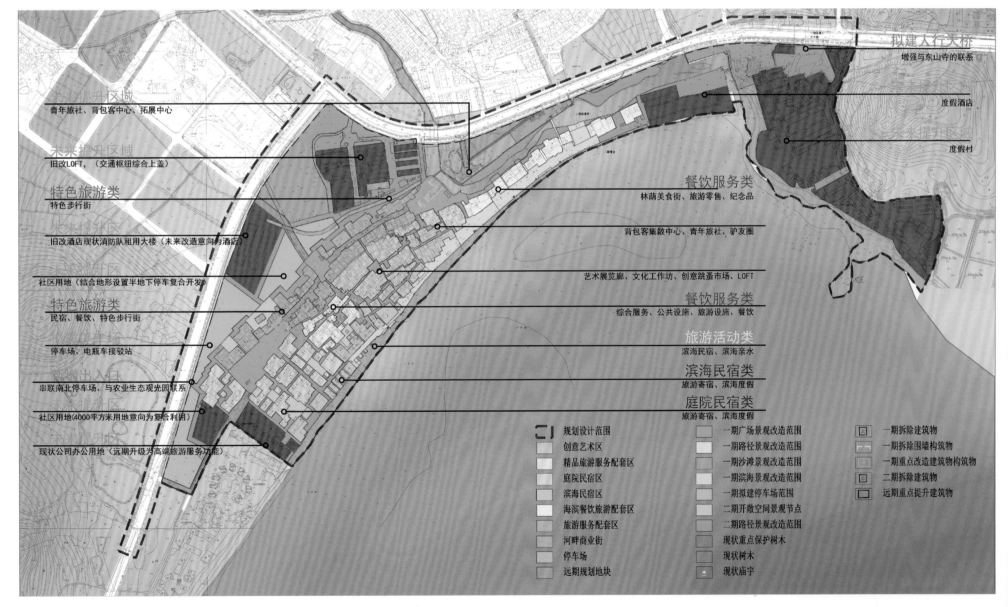

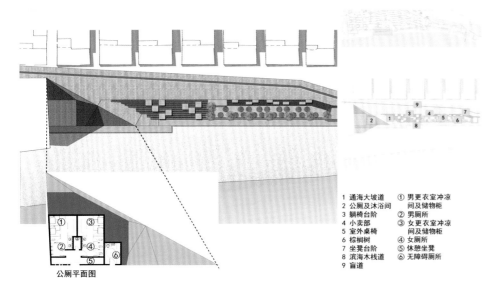

公厕平面图

1 通海大坡道	① 男更衣室冲凉间及储物柜
2 公厕及沐浴间	② 男厕所
3 躺椅台阶	③ 女更衣室冲凉间及储物柜
4 小卖部	④ 女厕所
5 室外桌椅	⑤ 休憩坐凳
6 棕榈树	⑥ 无障碍厕所
7 坐凳台阶	
8 滨海木栈道	
9 盲道	

在大鹏半岛打造以"七娘山"为核心的5A级旅游景区的战略背景下，较场尾正以其自发形成的特色民宿客栈群，成为区域旅游发展中独具魅力的热点。然而游客激增所引发的交通混杂、环境脏乱、市政基础设施匮乏、旅游配套设施落后等诸多恶疾，却使较场尾村饱受舆论诟病之苦。在项目中欧博设计创新性提出了"多元经济发展驱动的滨海村落更新发展模式"，基于资源驱动、顶层设计、公众诉求、市场需求，归纳提炼出"自然生长、政府引导、民间组织、市场运作"的发展特征，以灵活适应性强的细胞单元模式，引导较场尾村的全面持续更新。

核心理念

规划重在疏理——一改大拆大建之模式，重保护、轻开发。评估现状资源特征、延续村庄自然脉络、增加市政基础设施、完善公共服务设施、引导功能业态提升、疏通达海公共廊道、倡导人车分行系统、制定建设风貌指引，从而实现较场尾村高质量的更新发展。

景观重在生长——景观村落主义，源于景观都市主义，转换都市与村落之概念，将村落理解成完整的生态系统，强调自然生态基础设施和人文生态基础设施的营造。其核心是，强调景观是自然生长过程和人文演变过程的载体，使景观以载体的姿态出现，承载村落未来的自由生长。

建筑重在融合——因地制宜，借外部景观水系之资源，巧妙处理场地高差，以镜面不锈钢为外立面材料，映周边之环境。建筑与环境不分彼此，建筑即景观。延展村落原生肌理，新建筑以低冲击方式嵌入场地，新旧间浑然一体，和谐共生。

工程重在品质——工程设计力求在有限的财政预算内呈现无尽的设计创意。结构选型、材料运用、幕墙设计、节点大样，强调每一处细节，在追求完美中，强调经济性，强调可实施性，强调品质与价值的科学实践。

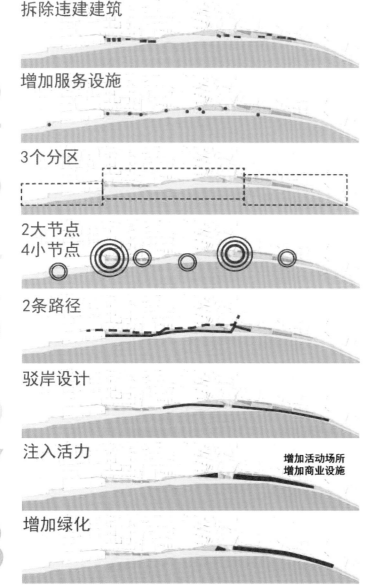

1 拆除违建建筑

2 增加服务设施

3 3个分区

4 2大节点 4小节点

5 2条路径

6 驳岸设计

7 注入活力 增加活动场所 增加商业设施

8 增加绿化

配套设施图1　　　　配套设施图2　　　　沙滩现状图

243

201 BUILDING OF GUIYANG INTERNATIONAL CONFERENCE AND EXHIBITION CENTER

贵阳国际会议展览中心城市综合体201大厦

项目业主：中天城投集团股份有限公司　建设地点：贵州 贵阳
建筑功能：办公、观光　设计范围：建筑设计
用地面积：518 000平方米　建筑单体占地面积：3 600平方米
建筑面积：51 200平方米（计容）　容 积 率：9.79
建筑高度：201米　设计时间：2009年
项目状态：建成　设计单位：AUBE（欧博设计）
获奖情况：2011年全国人居经典建筑规划设计方案竞赛建筑金奖
　　　　　2011年第七届全国优秀建筑结构设计三等奖
　　　　　2012年首届深圳市建筑工程施工图编制质量银奖
　　　　　2013年蓝星杯·第七届中国威海国际建筑设计大奖优秀奖

作为整个贵阳国际会议展览中心的制高点和视觉中心，设计打破现有大部分办公楼形式呆板的样貌，同时避免内外空间分割独立的传统布局。本建筑为悬挂结构，4个15米×15米的方形无柱办公单元悬挂在核心筒四周。办公单元新的结构体系的运用，极大地解放了办公空间的束缚，办公单元可以自由地与空中花园结合，使得办公与花园内外呼应，融为一体。办公单元螺旋上升的趋势与建筑高耸入云的姿态，彰显了金阳新区以及会展经济蓬勃向上的动力。每个悬挂的办公单元都享有270°角的景观面，办公人员在工作之余，可以从多个角度俯瞰金阳新区的景色。自然光的充分引入，也避免了大进深办公的人工照明。建筑钢结构的外露，展现出办公楼蕴含的智慧与力量。

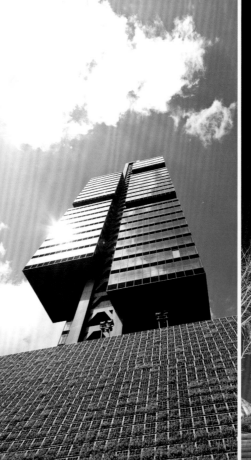

SHENZHEN CFC CHANGFU CENTER

深圳CFC长富中心

项目业主：杨富实业（深圳）有限公司
建设地点：广东 深圳
建筑功能：甲级办公、商务公寓
设计范围：建筑设计、景观设计
用地面积：18 800平方米
建筑面积：206 400平方米
景观面积：13 700平方米
容 积 率：8.60
建筑高度：303.8米
设计时间：2007年
项目状态：在建
设计单位：AUBE（欧博设计）
获奖情况：2011年第八届中国人居典范建筑规划设计方案竞赛
　　　　　　建筑设计金奖
　　　　　2012年首届深圳市建筑工程施工图编制质量金奖

建筑专篇

用地位于深圳保税区核心地段，处在由莲花山至深圳湾的南北主轴的尽端，隔一千米就是香港。目前为保税区内唯一突破200米的超高层建筑。

地块正方形，边长150米，北侧现存一微型公园。300米主塔纯办公，100米次塔纯公寓。主塔点式居北一隅，次塔板式居南，东北开放与公园相连，小中见大，举一反三。"坚固、美观、实用"——《建筑十书》的金科玉律用在这里正合适，坚固实用之后就剩美观可以略作发挥了。二维平直，三维弯曲，外圆内方，适度收分，位格中性。

"名者，命也"，吾国尤重命名。一高一矮，一瘠一腴，一长一富，倒是很像堂吉诃德与桑丘，朱光潜早年的断言"一个是可笑的理想主义者，一个是可笑的实用主义者"，而今恐怕要颠倒过来了。

景观专篇

若建筑为飞流直瀑，与建筑一体的景观则是激起的千层浪花，"飞溅的水花"概念也由此而来。夜幕下，灯光结合浅灰色的铺装，整体景观犹如城市中绽放之冰花，绚丽夺目。基地南北两侧是已经建成的公共绿地，本案位于两个绿地中心，环绕的绿色基底恰恰成为建筑的天然辅助景观，更加突出了飞瀑与水花的特点。在矩阵式的绿化基础之上，采用了明显区别于周围绿地的棕榈等亚热带植物，以符合整体建筑概念和景观布局。

设计试图营造一处尊贵、优雅的办公场所及时尚、便捷的商业空间。运用现代简约的设计手法营造公共空间，从材料到小品设施都坚持以现代手法体现低调奢华的精神。商业景观的打造与整体风格统一协调，纯净典雅、简约现代，又不失内在固有的商业气氛。

SHENZHEN KONKA R & D BUILDING

深圳康佳研发大厦

项目业主：康佳集团股份有限公司
建设地点：广东 深圳
建筑功能：研发、办公
设计范围：建筑设计、景观设计
用地面积：9 600平方米
建筑面积：80 000平方米（计容）
容 积 率：8.33
建筑高度：120米
设计时间：2007年
项目状态：建成
设计单位：AUBE（欧博设计）
获奖情况：2011年广东注册建筑师协会第六次优秀建筑佳作奖
　　　　　2012年深圳市第十五届优秀工程勘察设计公共建
　　　　　　　　筑三等奖
　　　　　2013年海峡两岸和香港、澳门建筑设计大奖提名奖

建筑专篇

　　设计在考虑到自身空间识别性和独立性的同时，尊重城市规划的总体原则，建筑体量主要占据用地北侧、东侧和东南侧，在延续了深南路的城市建筑街墙的同时，也和东南侧规划建设中的三栋120米高层写字楼形成比较完整的城市界面，营造出整体和谐的区域场所氛围。

　　建筑的整体造型是一张巨大的表皮，从地面上升，变形，拉扯，回转，包裹所有的功能空间，同时也生成大小不一的共享空间，最后又回到地面。建筑以三角形作为造型母体，由表皮折叠而成，挺拔简练，充满力度，这是对康佳集团的企业性质和性格的一种由内而外的反映。

　　康佳英文标识的第一个字母"K"被抽象到建筑临深南路的立面上，在建筑100米的高度范围内切割成两个巨大的三角形开口，上下两个开口结合空中绿化平台，形成一个隐约的绿色字母"K"，这也是对"绿色康佳"企业文化的暗示。同时，上部开口处设置大型LED显示屏，下部开口作为建筑局部架空的部分，形成一个巨大门洞，方便深南路方向的人流和南边入口广场连通。

景观专篇

　　项目位于深南大道与沙河西路交界处，地理位置卓越，但可达性并不理想，且地块割裂性较严重。设计摒弃独立地块的自言自语，试图找寻到一种联系语言，能对城市活力和步行系统起到更积极的作用，使场地在景观系统上成为周边公共绿地的连接点以及城市公共开放空间的节点。

　　线性语言呼应建筑立面肌理，成为在地面上的延续，统一了整个场地，同时形成与周边地块的视觉及行为引导，强化场地与环境的联系和融合。树阵空间界定了场所的领域，营造开阔广场中的停留休憩氛围，台阶的高差处理既解决了场地的竖向问题，同时也实现了空间上的人车分流。

SHENZHEN IMPERIAL JINLING HOLIDAY APARTMENT

深圳皇城金领假日公寓

项目业主：深圳物业集团·深圳市皇城地产有限公司
建设地点：广东 深圳
建筑功能：公寓住宅
设计范围：建筑设计
用地面积：12 600平方米
建筑面积：172 400平方米
容 积 率：10.27
建筑高度：150米
设计时间：2012年
项目状态：在建
设计单位：AUBE（欧博设计）

皇城金领假日公寓，地处深圳市皇岗口岸片区，中心公园正南，紧邻滨河大道。建成后将出现在经过皇岗立交桥的所有人、车视野范围内。除了满足开发商的利益最大化外，在城市发展方面对后人也有所交代。

抬升架空花园，水平维度扩大延伸，板式楼体架空两端抬高处理，结构在非同一水平面上转换，使塔楼间条形空间长宽比缩小，创造出波动的底层架空空间，避免花园空间压抑。建筑形象通过竖向体量将板式住宅横向分段，减小视觉面宽。

皇城金领公寓的建成将提升皇岗立交区域的居住条件，改变皇御苑坚守了十几年的弧形板墙形象，为新兴深圳增色。

上海中建建築設計院有限公司
西安分公司
SHANG HAI ZHONG JIAN ARCHITECTURAL
DESIGN INSTITUTE CO.,LTD.XI'AN BRANCH

李澎

出生年月：1969年11月
职　　务：上海中建建筑设计院有限公司/副院长
　　　　　上海中建建筑设计院有限公司/西安分公司总经理

教育背景
1991年—1995年　长安大学（原西北建筑工程学院）/建筑学/本科
2007年—2009年　香港理工大学/工商管理学/硕士

工作经历
1995年—2006年　中国建筑西北设计研究院有限公司
2007年至今　　　上海中建建筑设计院有限公司

主要设计作品
西咸新区空港新城商务中心
泰华·金贸国际
陕西体育服务大厦
西安交通大学博源科技广场
华城国际
CA中心
CLASS公馆
尚品国际
三棉小学
富凯酒店
泾渭中小工业园
印象汉江
高新区创新国际广场
草滩产业小镇印包示范基地

地址：西安市高新路88号尚品国际B座18层
电话：029-88378506
传真：029-88378506
网址：www.shzjxa.com
电子邮箱：shzjxa@163.com

上海中建建筑设计院有限公司，成立于1984年，作为《财富》全球百强企业——"中国建筑"旗下的综合性建筑设计公司，拥有建筑工程设计甲级、装饰设计甲级、城市规划编制乙级、风景园林设计乙级资质。公司是中国勘察设计协会、上海市勘察设计协会、上海市规划协会、上海市工程咨询协会会员单位，2011年被中国勘察设计协会授予首批"诚信单位"称号。公司有多项设计作品荣获建设部、科技部、上海市及中国建筑的各类奖项。在2012年《设计新潮》杂志组织评选的"2011年—2012年度中国民用建筑设计市场排名·总榜"（百强榜）中位列全国第38名，并获评为最具品牌影响力企业。

公司致力于为客户提供项目策划、投资分析、规划编制、建筑设计、装饰设计、景观设计和项目管理等多方位、全过程专业服务。公司现有员工近600人，其中国家一级注册建筑师、一级注册结构工程师、注册规划师、注册设备工程师、注册电气工程师等各类注册人员共计100余人。公司下设8个综合设计所、3个建筑专项设计所、5个职能管理部门和1个BIM工作站，在国内多个省、自治区、直辖市设有分公司，并在海外设立了俄罗斯分公司。

为了承接和服务项目的需要，公司特于2008年在西安成立分公司。经过6年的快速发展，西安分公司现有80余人。近年来承接的项目以大型规划、高端城市综合体、科技产业园、工业园区、学校为主。

公司将本着敬业、诚信、协作、创新的企业精神，为客户价值的提升呈现专业服务，为人居环境的改善描绘美好蓝图。

FOUQUET HOTEL

富凯酒店

项目业主：西安富凯酒店有限公司
建设地点：陕西 西安
建筑功能：酒店
用地面积：2 353平方米
建筑面积：20 371平方米
设计时间：2014年
项目状态：建成
设计内容：外立面改造
主创设计：李澎

　　项目为外立面改造项目，如何在城市中心使陈旧建筑重新焕发活力和具有时代感是这次设计考虑的出发点，设计从明城墙找到灵感，通过片岩、护坡墙来寻找古城的痕迹，而光鲜的错乱玻璃幕墙分割则是对时代的呼应。

AIRPORT BUSINESS CENTER, XIXIAN NEW DISTRICT

西咸新区空港新城商务中心

项目业主：陕西省西咸新区空港新城开发建设集团有限公司
建设地点：陕西 西安
建筑功能：城市综合体（商业、酒店、体育馆、餐饮、办公）
用地面积：156 667平方米
建筑面积：30 311平方米
设计时间：2011年
项目状态：建成
设计单位：上海中建建筑设计院有限公司
主创设计：李澎
参与设计：常晶晶、王妮、宋珊、刘劲、韦莉元、张会粉、贾桂香

流动与扣合看似是一对矛盾的概念，但在设计中我们把这看似矛盾但实质又有千丝万缕关系的概念组织在一起，形成本次方案的风格实质。我们从飞机起飞所形成的线性气流得到"流动"的设计元素，它代表开放、先锋、融通、生动的时代风格，又从传统民居围合布局中提取"扣合"的灵感，它代表亲和、传统、安全的节奏，并将其融入流动的元素中，这两种理念其实就是我们生存的社会所表现出的种种矛盾，而解决这些矛盾就是我们建筑空间创意设计的最根本目的，因此我们说空港新城的气质就应该存在于这流动与扣合、传统与未来、现实与理想之中。

SHAANXI PROVINCE STADIUM

陕西省体育馆

项目业主：陕西省体育局
建设地点：陕西 西安
建筑功能：体育馆
用地面积：429 312平方米
建筑面积：53 542平方米
设计时间：2014年
项目状态：方案
设计单位：上海中建建筑设计院有限公司
主创设计：李澎

　　曲扇华章——在设计形式上，其形式载体非常重要，选择一种什么样的载体，代表一种什么样的文化，达到一种什么样的效果，是在设计的最初阶段必须解决的问题。在一座古韵千年的历史文化名城和一个具有新兴活力的区域性中心城市，建设一个什么样的体育建筑，用一种什么形式来表达历史与现实的关系是我们的起点。

　　折扇这一中国传统中用于纳凉的工具，可以收放自如，摇摆起来又温文尔雅，同时在扇面上又可以题写诗画，它的形式与功能已经不仅限于是消暑纳凉的工具，或是简单的装饰，更重要的是一种文化的传载，所以在方案中以这种形式作为整个立意的基本载体，我们的寓意是体育建筑也不仅仅是像折扇只有纳凉这一种简单的功能，它所承载的内涵应该是中国3 000年的历史文明和现代体育精神的综合融入。另外折扇这种艺术形式又极符合工程学中对力学的体系表达，其所形成的折体结构，又是一种强度的象征。

　　扇面同时又是一种极富美学诱惑力的形式，它的褶皱和扇形展开的方式是无数设计的灵感，所以在方案的形式载体选择上，我们选择"曲扇临风"这一主题，来表达对中国文化的敬畏，用后现代主义的方式，让人们去体验文化与文明、历史与现实。

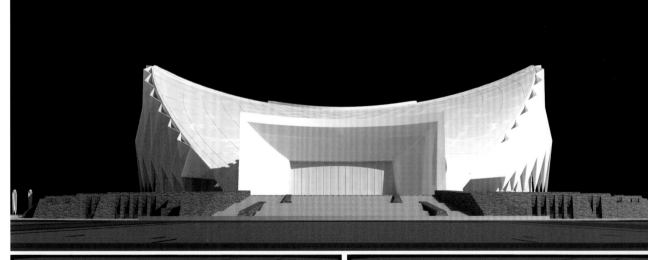

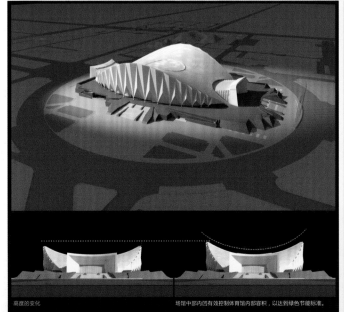

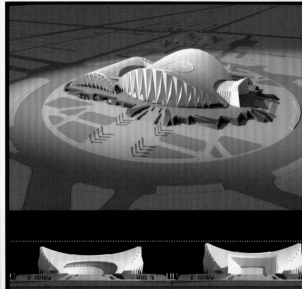

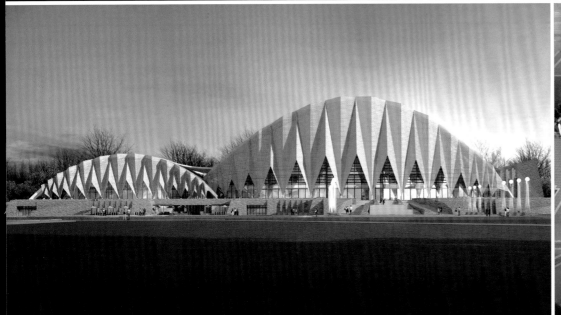

253

XI'AN JIAOTONG UNIVERSITY BOYUAN TECHNOLOGY SQUARE

西安交通大学博源科技广场

项目业主：西安交大科技园有限责任公司
建设地点：陕西 西安
建筑功能：城市综合体（公寓、办公）
用地面积：27 000平方米
建筑面积：131 856平方米
设计时间：2008年
项目状态：建成
设计单位：上海中建建筑设计院有限公司
主创设计：李澎

按照西安交大科技园提出的建设新园区的要求，并结合基地的区位条件以及具体的规划设计要求，我们提出了设计的几个基本原则，规划设计力图通过高效舒适的园区交通联系网络和功能完善的建筑组图，营造出一个现代大气、庄重典雅、功能完备、活力四射、以现代园林风格为主基调的新园区，体现文化性、时代性。

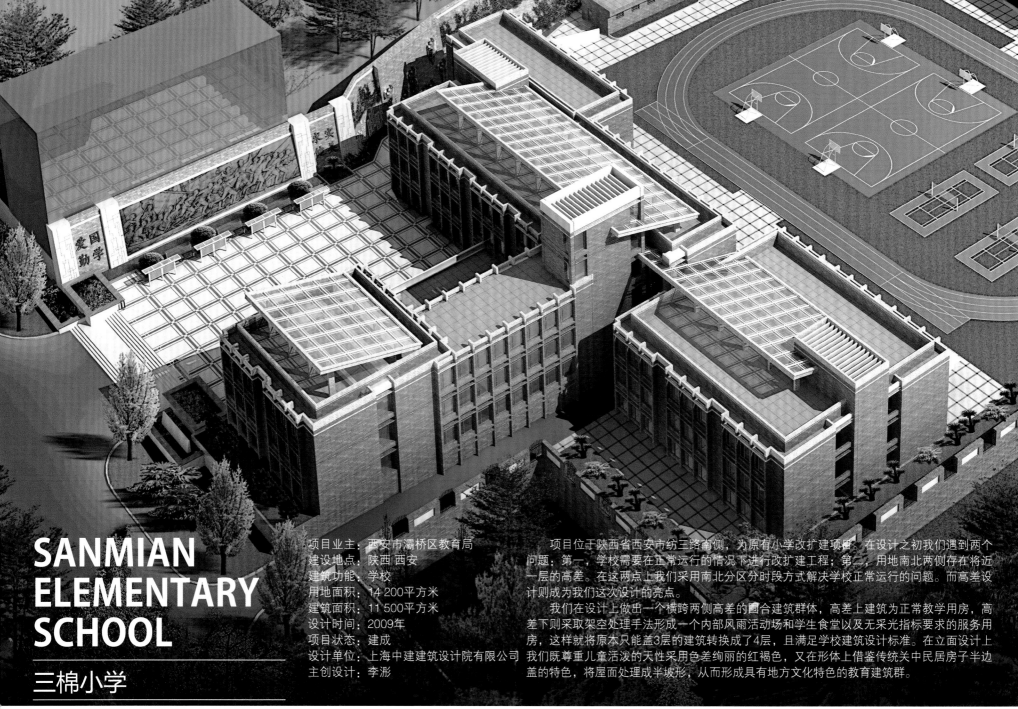

SANMIAN ELEMENTARY SCHOOL

三棉小学

项目业主：西安市灞桥区教育局
建设地点：陕西 西安
建筑功能：学校
用地面积：14 200平方米
建筑面积：11 500平方米
设计时间：2009年
项目状态：建成
设计单位：上海中建建筑设计院有限公司
主创设计：李澎

项目位于陕西省西安市纺三路南侧，为原有小学改扩建项目。在设计之初我们遇到两个问题：第一，学校需要在正常运行的情况下进行改扩建工程；第二，用地南北两侧存在将近一层的高差。在这两点上我们采用南北分区分时段方式解决学校正常运行的问题。而高差设计则成为我们这次设计的亮点。

我们在设计上做出一个横跨两侧高差的围合建筑群体，高差上建筑为正常教学用房，高差下则采取架空处理手法形成一个内部风雨活动场和学生食堂以及无采光指标要求的服务用房，这样就将原本只能盖3层的建筑转换成了4层，且满足学校建筑设计标准。在立面设计上我们既尊重儿童活泼的天性采用色差绚丽的红褐色，又在形体上借鉴传统关中民居房子半边盖的特色，将屋面处理成半坡形，从而形成具有地方文化特色的教育建筑群。

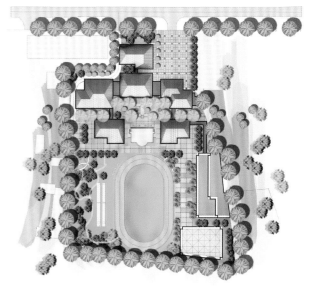

SKYLINE
思凯来

李涛

SKYLINE思凯来国际董事长、总设计师
中国房地产协会城市开发委理事
北京规委专家
北京建筑大学客座教授、研究生导师
国家一级注册建筑师
建筑学硕士

李涛先生是SKYLINE思凯来国际的创始人，他凭借20余年建筑设计及规划领域的国际化实践经验，高度的专业水准和出色的领导能力，带领来自世界顶级设计公司的董事团队及设计师团队，共同打造了众多高水准、高品质，并极富创造力的成功作品。

在创立SKYLINE之前，李涛先生作为中国顶级设计机构的创作总监及美国著名MYA事务所中国区副总裁，带领团队在众多城市设计及建筑设计竞赛中取得优异成绩，积累了大量国际合作的执业经验和领导经验。同时，他的足迹遍布世界，不断探索研究世界范围内城市典范及成功项目，奠定了非常坚实的理论与设计实践基础。

创立SKYLINE后，作为公司董事长兼总设计师，李涛先生致力于将世界最前沿的专业经验与中国的高速城镇化发展相结合，率领SKYLINE国际精英团队，在众多国际级竞赛及政府重点项目中屡获佳绩，公司业务得以蓬勃开展，并在城市设计及综合规划、酒店及度假区设计、大型娱乐综合体设计、大型城市综合体设计方面居业内领先水平。

作为行业革新领袖，李涛先生及公司精英董事团队倾心将SKYLINE打造为行业顶尖品牌，坚持以国际化、专业化为公司发展方向，提倡以"深度研究，高度呈现"为团队工作方式，奉行精英董事"董事亲临"的服务理念，通过对国际理念及中国国情的深刻理解，通过对自身专业水准的完美追求，为快速发展的中国城镇化建设奉献更多的创意与价值。

主要设计作品

北京新青海大厦（五星酒店、办公、商业）
荣获：2013年全国人居经典建筑金奖
长春高新区低碳产业园四季城（商业、文化、娱乐、六星酒店、高端居住）
荣获：2013年设计创新奖
海洋之尊酒店及度假区（主题酒店、商业、娱乐、会议、水上乐园、高端居住）
哈尔滨群力新区远大购物广场（大型商业、娱乐、居住、办公）
荣获：哈尔滨市人居环境建设突出贡献奖

SKYLINE思凯来国际作为一家国际化专家型事务所，拥有来自世界顶尖WATG合伙人、GENSLER全球规划副总裁，RTKL，MYA总监及中国权威设计机构的多名业界知名建筑师组成的公司董事核心团队，将世界旅游酒店业及商业综合体的先进经验与中国国情紧密结合，通过建立在北京的创意中心，向业主提供由董事亲自领导的全过程的"董事亲临"式高附加值服务，为业主提供高水准高创意世界级品质的产品设计。

公司董事主要作品包括：
世界最著名的巴哈马亚特兰蒂斯度假区及迪拜亚特兰蒂斯度假区；
美国拉斯维加斯全美最大投资旅游综合体群"城市中心"；
南非失落城市主题度假区，洛杉矶及中国上海的"环球影城"及度假区，横琴长隆主题公园等众多主题酒店及旅游项目。

自2009年创立至今，SKYLINE的设计董事们，将全球范围内获得广泛成功的世界级专业经验与理论，同中国独特的当代社会发展实践相结合，并在公司过往的大型项目设计中进行实践应用，打造了大量水准高、创造力强、富有蓬勃活力和持久发展潜力的作品，并成为行业公认的发展迅猛的权威机构。

SKYLINE在以下业务领域具备骄人业绩和得天独厚的竞争优势：
城市设计及综合规划；
文化休闲旅游度假区设计；
酒店及高端居住项目；
大型商业及城市综合体设计。

SKYLINE思凯来国际团队，以"深度研究，高度呈现"的工作理念为导向，以"业主成功"与"设计完美"的追求为目标，希望通过团队的努力，为中国经济的持续发展，为中国高速发展的城镇化建设做出持续贡献。

地址：北京市西城区百万庄大街22号百万庄图书大厦六层
电话：010-68410735
传真：010-88358031
网站：www.skyline-china.com

项目位于海南省三亚市（三亚湾旅游区），靠近三亚机场，享受非常稀缺的沿海地理资源及高度成熟的城市资源。结合基地现状及视线条件进行总平面规划，呈阴阳环抱的S形布局，以半开放的酒店大堂为中心，依照观海视线的变化调整客房及走廊方向，创造出私密且高品质的度假酒店环境。建筑造型取意于大自然之山河意境，呈弧线形展开，形成优美的天际线的同时，创造了丰富的屋顶花园空间及开阔的观海视野。

内部专业化的流线设计、国际化的客房品质、空中花园式会所、阳光景观总统套房、特色泳池及运动休闲SPA，为酒店宾客创造了现代化且令人愉悦的独特空间体验。

HAINAN SANYA HOTEL

海南三亚酒店

项目业主：青海省投资集团有限公司
青海辰泰房地产开发有限公司
建设地点：海南 三亚
建筑功能：酒店
用地面积：20 000平方米
建筑面积：25 000平方米
设计时间：2012年
项目状态：土建封顶
设计单位：SKYLINE思凯来国际
主创设计：李涛、Francik、乐益

HARBIN GRAND MALL PLAZA

哈尔滨远大购物广场

项目业主：黑龙江远大房地产开发有限公司
建设地点：黑龙江 哈尔滨
用地面积：70 000平方米
建筑面积：300 000平方米
设计时间：2010年
项目状态：建成
主创设计：李涛、Francik、卞文雁、乐益

"哈尔滨远大购物广场"位于黑龙江省哈尔滨市群力新区中心位置，项目占地7万平方米，总规模达30万平方米，集商业购物中心、娱乐休闲、办公SOHO为一体，是群力新区非常重要的大型商业中心。本设计旨在成功打造一个寒带气候下滨水活跃商业体验区。以"春、夏、秋、冬"四个主题公共区串联起400米长的购物中心的动线组织。项目两端分别以6万平方米的"远大购物中心"及大型餐饮娱乐为核心引擎，中部带起零售商业街。设计解决了商业人流导向及业态分布问题，在满足业主方利益的前提下，进行了最大限度的整合。项目取得了销售上的巨大成功，并沿群力内河打造了400余米长的活跃河岸线，业态多样、形态丰富，极具表现力的设计风格赢得了群力当地政府的高度认可，同时获得了业内诸多奖项。"哈尔滨远大购物广场"将力争成为东北地区综合体和高品质购物中心的典范。

QINGHAI MANSION （BEIJING SHERATON HOTEL）

新青海大厦暨北京喜来登酒店

项目业主：北京西矿建设有限公司
项目地点：北京
建筑功能：五星级酒店、5A办公楼
用地面积：27 000平方米
建筑面积：200 000平方米
设计时间：2009年
设计单位：SKYLINE思凯来国际
主创设计：李涛、Francik、乐益
获奖情况：2013年全国人居经典建筑金奖

本项目位于北京丽泽金融商务区，主体建筑由酒店、办公两部分组成。东侧为五星级喜来登品牌的北京旗舰店，西侧为5A级写字楼，中部设有面积1 700平方米、高30米的酒店大堂，位于整个规划场地的中心位置。办公部分首层大堂12米通高，稳重大方且富有青海特色。

设计秉持可持续发展及土地资源优势化利用的原则，坚持"以人为本"、绿色节能的设计理念，汲取青海自然山水特色为设计灵感，体现青海人文特色。项目代表着青海的发展，是具有政治、文化内涵的区域标志性建筑。

建筑立面体现"大美青海"的山水气韵。取壮阔山体为灵感，以山之宗、水之源为设计思路，通过简约的设计表达自然、文化与现代的交融之美。高层主体以垂直石材竖向翼条与高效节能玻璃作为主要材质，以展现山的稳健与水的灵动。整个立面风格简洁、优雅、大气，追求整体比例的严谨与细节的精致。

CENTRAL PLAZA OF TIANJIN

天津湾嘉茂广场

项目业主：天津海景实业有限公司
项目地点：天津
用地面积：52 300平方米
建筑面积：200 000平方米
设计时间：2008年
项目状态：建成
主创设计：李涛、卞文雁、乐益

项目位于天津市河西区，地理位置优越，用地面积52 300平方米，是天津河西区首座集办公、商业、娱乐、休闲、大型超市等于一体的Shopping Mall，"建筑"部分为子母楼形式。新建部分为"嘉茂广场"，总长度近200米，限高50米，另保留改造一厂房作为餐饮娱乐楼。

嘉茂广场建筑设计充分结合海河资源，设置了公共开放空间的连接及全河景办公空间。建筑尺度上，非常关注狭窄城市道路及现状建筑之间的空间尺度过渡。整体建筑构思取意于"波浪"形自然舒缓的曲线，像优美的海河波浪，形成光华桥头的标志性建筑，并已成为海河沿岸的一道美丽的城市风景线。

TIANJIN CHENTANG TECHNOLOGY AND CULTURE DISTRICT PLANNING

天津陈塘科技文化区城市规划

项目业主：天津河西区陈塘科技文化区管委会
建设地点：天津
项目功能：创意产业、楼宇工业、现代服务业、高端商住、文化娱乐等
用地面积：3 200 000平方米
建筑面积：4 000 000平方米
设计时间：2008年—2010年
项目状态：城市设计中标，部分建筑已实施，部分建成
主创设计：李涛、卞文雁、乐益

"天津陈塘科技文化园"是河西区重点发展区域，是天津"一主两副"中心规划的副都市中心之一。该城市设计旨在通过对老陈塘工业园区的土地整理、空间规划和产业布局的综合调整，达到"提高土地使用强度、调整产业结构、创造新的税源、促进市区经济快速发展"的目的。项目地段自身的区位优势和环境资源优势，为在此开发一个新型、高效、生态的多功能社区创造了前所未有的机遇，进一步促进了天津市产业布局调整、城市中心区用地布局不断完善，同时使老陈塘工业区焕发无限城市活力。在规划理念上，SKYLINE思凯来国际设计团队最大限度地利用基地资源优势、快速交通及轨道交通发展、两河交汇的特殊地理位置及"老工业遗存"历史优势，建立"创新谷"，强化河西区经济实力及文化底蕴，形成城市副中心态势。道路交通布局方面，结合"金十字"主路网的建立，相应提出"商务经济发展带"与"文化服务发展带"两大概念，结合城市功能，形成鲜明的区域形象个性；环境的可持续发展方面，大面积生态绿化及水系为园区提供了得天独厚的生态环境和绿色办公空间，使其成为天津市区极具竞争力的滨水园区。建立丰富、系统化的开放空间体系，注重步行优先、雨水回收、控制排放等先进环保理念；在社会可持续发展方面，合理的街区地块划分，提供了高效的交通体系，将交通与环境和谐有机结合，成为设施充足、价值均衡的开发街区模式，从而更有利于后期开发操作。合理的尺度及优美的街道布局，增加了公共步行环境的趣味性，加强活动区域互动性；在带动区域经济方面，多样化的经济形式对应多样化的城市形态与土地开发模式，塑造出多样化的城市空间和丰富的城市生活景象。

西安建筑科技大学
XI`AN UNIVERSITY OF ARCHITECTURE AND TECHNOLOGY
建筑设计研究院

李岳岩

出生年月：1969年08月
职　　务：西安建筑科技大学/建筑学院/副院长
　　　　　西安建筑科技大学/建筑学院/工程实践中心/主任
　　　　　西安建筑科技大学/建筑设计研究院/建筑师
　　　　　西安建筑科技大学/城市规划设计研究院/规划师
职　　称：副教授/国家一级注册建筑师

教育背景
1991年　　　　西安冶金建筑学院/建筑系/建筑学/学士
1994年　　　　西安建筑科技大学/建筑系/城市规划专业/硕士
1994年—1996年　核工业第四研究设计院/珠海分院/建筑师
1996年至今　　任教西安建筑科技大学/建筑系/公共建筑及理论研究所
2004年　　　　日本竹中工务店设计部学习研修
2010年　　　　西安建筑科技大学/建筑学院/建筑设计及理论/博士

工作经历
2006年　　　　西安建筑科技大学/建筑学院/院长助理；建筑设计及其理论研究所/副所长
2011年　　　　西安建筑科技大学/建筑学院/副院长
2013年　　　　西安建筑科技大学/建筑学院/工程实践中心/主任

李岳岩副教授多年来一直着力研究中国西部地区的城市空间发展和建筑理论与文化，强调中国传统文化的内涵与当代技术、理念的融合，注重在地域文化环境中的建筑与城市空间及现代生活的契合。

主持"西安烈士陵园整修改造""宝鸡凤县古羌文化产业示范区演艺剧场""西安培华学院图书馆""西安临潼区殡仪馆""西安建大建筑学院模型室加建""西安大坝沟国际度假酒店""西安中土友谊交流园"等一批注重文化传承和现代空间、技术结合的有影响力的建筑与城市设计作品。

主持"咸阳人民路、西兰路城市设计""兰州东方红广场""黄河兰州市区段及两岸地区城市设计""大明宫御道地段城市设计""西咸渭河生态景观带城市设计""5·12大地震汉旺地震遗址保护地概念规划""4·20芦山大地震龙门古镇核心区规划及建筑设计"等注重西部城乡人居环境建设、探索传统文化、历史记忆与现代城市生活结合的城市设计作品。

地址：**西安市雁塔路中段13号**
邮编：**710055**
电话：**029-82202943**
传真：**029-82202044**
信箱：**liyueyan@sina.com**
网址：**www.xauat.edu.cn**

西安建筑科技大学建筑设计研究院成立于1958年，是西安建筑科技大学产、学、研一体化的综合设计研究机构及教学实习和研究生培养基地，具有建筑工程设计、工程咨询、工程造价咨询、工程监理甲级资质，同时具有建材行业专项甲级资质及园林工程设计、市政、冶金行业专项乙级资质，并通过ISO 9001质量体系认证。设计院现有工程技术人员300余人，其中教授、研究员、教授级高工、高级职称以上100余人，国家各类注册人员132人，一级注册建筑师32人，一级注册结构工程师38人，注册设备师24人，国家注册咨询工程师11人，有近一半的技术人员具有硕士以上学位，有一批具有较高学术造诣的各专业技术带头人。

"自强、笃实、求源、创新"是西安建大的办学理念，也是我院的企业文化精神。自建院以来设计院始终坚持"求源创新、精设广厦"的院训，以全新的设计理念、独特的设计风格，溯本求源、大胆创新、融汇中外优秀传统建筑文化，以优质的技术服务社会，争取经济和社会效益的双赢。

FENG COUNTY QIANG CULTURE PERFORMING ARTS CENTER

凤县古羌文化演艺中心

项目业主：陕西省凤县古羌文化产业示范区
建设地点：陕西 凤县
建筑功能：演艺剧场
建筑面积：7 000平方米
设计时间：2011年
项目状态：建成
设计单位：西安建筑科技大学建筑设计研究院
主创设计：李岳岩

　　凤县古羌文化产业示范区演艺中心位于秦岭山中，濒临嘉陵江，剧场设计780座，主要为"凤飞羌舞"主题演出而建造。设计中吸收羌族文化元素的特点，充分考虑建筑与自然山水的呼应，通过层层跌落的建筑形体削弱剧场高大的建筑体量，减少对环境的压迫感，将建筑融入起伏的山峦轮廓，映衬于碧波绿水之间。剧场根据演出的需要创造性地设计了可开启背墙，将自然山水景色引入剧场，创造出丰富的视听环境。建筑造型结合功能空间特点，吸收羌族文化元素，与自然山水融合。

XI'AN PEIHUA UNIVERSITY VICTORIA'S LIBRARY

西安培华学院维之图书馆

项目业主：西安培华学院
建筑功能：图书馆
设计时间：2009年
设计单位：西安建筑科技大学建筑设计研究院
主创设计：李岳岩

建设地点：陕西 西安
建筑面积：26 000平方米
项目状态：建成
合作设计：陕西同致建筑设计有限公司

西安培华学院维之图书馆位于西安市培华学院长安校区内，设计时希望创造出一个书海围绕的空间，让读者沉浸于图书和知识的海洋。设计中将所有开架书库和阅览室布置在一个巨大的圆形共享空间之中，所有图书集中布置在圆形混凝土墙两侧。各阅览室错层布置，形成连续跃动的阅览空间，共享大厅顶部采光，为各阅览空间提供充足的自然采光。其他辅助房间围绕中央大厅布局，在与中央大厅之间设置绿化采光带让自然光线透入图书馆内部。

XI'AN LINTONG DISTRICT FUNERAL HOME

西安临潼区殡仪馆

项目业主：西安市临潼区民政局
建筑功能：殡仪馆
设计时间：2012年
设计单位：西安建筑科技大学建筑设计研究院

建设地点：陕西 西安
建筑面积：15 000平方米
项目状态：建成
主创设计：李岳岩

　　设计中强调端庄肃穆的大气氛，让建筑空间和环境体现出强烈的纪念感。着重对殡仪馆主路径进行了设计，以"起、承、转、引、升、终"的空间序列在纯净的空间中体现中国殡葬空间的秩序与层次，强调送别的仪式感，强化纪念性。提取了人们对中国传统殡葬建筑的印象——陵、台、塔，将其抽象并用现代的设计手段加以体现。在高大的台阶之上设计了5个逐层收缩的方台，分别为3个告别厅和2个火化车间，形成庄重、肃穆的建筑形象，使建筑在具有地方和传统韵味的同时体现出强烈的时代特色。同时遵从现代殡仪馆的功能构成，合理布局空间与各种流线，强调建筑使用的合理性和便捷性。

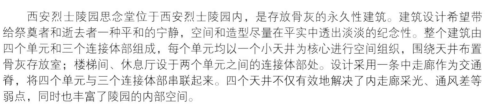

西安烈士陵园思念堂位于西安烈士陵园内，是存放骨灰的永久性建筑。建筑设计希望带给祭奠者和逝去者一种平和的宁静，空间和造型尽量在平实中透出淡淡的纪念性。整个建筑由四个单元和三个连接体部组成，每个单元均以一个小天井为核心进行空间组织，围绕天井布置骨灰存放室；楼梯间、休息厅设于两个单元之间的连接体部处。设计采用一条中走廊作为交通脊，将四个单元与三个连接体部串联起来。四个天井不仅有效地解决了内走廊采光、通风差等弱点，同时也丰富了陵园的内部空间。

XI'AN MARTYR CEMETERY MISS CHURCH

西安烈士陵园思念堂

项目业主：西安烈士陵园
建设地点：陕西 西安
建筑功能：骨灰存放堂
建筑面积：5 000平方米
设计时间：2003年
项目状态：建成
设计单位：西安建筑科技大学建筑设计研究院
主创设计：李岳岩

李杰

出生年月：1974年
职　　务：创始人/总建筑师
职　　称：国家一级注册建筑师/国家注册规划师/高级工程师

教育背景
1995年　南昌大学/建筑系/学士

工作经历
1995年—2002年　安徽省建筑设计研究院建筑师
2002年—2013年　上海日清建筑设计有限公司合伙人
2013年　　　　　创立上海成执建筑设计有限公司、上海意执建筑设计事务所/公司创始人，
　　　　　　　　总建筑师

主要获奖作品

重庆同创国际社区	荣获：2005年联合国国际花园社区奖，煤炭部优秀设计二等奖
成都博瑞优品尚东会馆	荣获：2007中国建筑细部设计大赛第一名
成都华润凤凰城住宅区	荣获：2010年中国时代楼盘金盘奖综合类大奖
成都华润凤凰城艺术馆	荣获：2012上海青年建筑师金创奖
成都龙湖小院青城度假区	荣获：2010年尊享度假别墅大奖
	荣获：2012年中国建筑学会最佳居住社区设计建筑、规划双金奖
海南华润石梅湾九里度假区	荣获：2012年中国建筑学会最佳居住社区设计综合类最高奖
重庆龙湖MOCO中心	荣获：2011重庆市优秀设计三等奖
	2012上海青年建筑师金创奖
	2012时代楼盘最佳商业建筑金盘奖
	2013上海建筑学会公建建筑佳作奖
舟山中交美庐	荣获：2013联合国花园社区银奖
宜兴中交阳羡美庐	荣获：2013联合国花园社区金奖
重庆龙湖时代天街一期	荣获：2014年金盘奖成都赛区年度最佳商业综合体

地址：上海市徐汇区瑞金南路500号1号楼3楼
电话：021-54101738
传真：021-54561571
网址：www.challenge-design.com
邮箱：business@cz-ad.com; lijie@cz-ad.com

　　李杰先生在2013年4月创立了上海成执建筑设计有限公司以及上海意执建筑设计事务所（CHALLENGE DESIGN PTELTD）。本公司为一家从事建筑设计、城市规划及相关领域专业服务的设计咨询机构。目前公司有董事总建筑师1人，技术总监1人，主任建筑师3人，BIM研究中心主任1人，资深项目主管4人，项目主管7人，主创设计师4人，专业设计人员60余人，其中一级注册建筑师4人、注册规划师1人、高级工程师3人、中级工程师6人。公司具有很强的专业设计能力，业务内容涵盖商业综合体、旅游度假、住宅、教育文化等多种建筑形式。
　　李杰团队曾成功主持了国内大量建筑设计项目，包括重庆龙湖MOCO中心、重庆龙湖时代天街商业综合体项目、海南华润石梅湾度假项目、成都华润凤凰城、成都龙湖小院青城、杭州华润新鸿基之江九里、西安寒窑遗址公园、重庆绿地海外滩、沈阳华润凯旋门、大理沃德佳山地阿玛瑞酒店别墅等各类型知名项目，获得了多种奖励，在业内已经树立了良好的声誉。

CHONGQING LONGFOR MOCO CENTER

重庆龙湖MOCO中心

项目业主：重庆龙湖地产发展有限公司
建设地点：重庆
建筑功能：住宅、商业、办公
用地面积：17 404平方米
建筑面积：123 560平方米
容 积 率：7.1
设计时间：2007年
项目状态：建成
主创设计：李杰
参与设计：徐鹏、吴军、徐小康、华静
获奖情况：2011年重庆市优秀设计三等奖
　　　　　2012年上海青年建筑师金创奖
　　　　　2012年时代楼盘最佳商业建筑金盘奖
　　　　　2013年上海建筑学会公建建筑佳作奖

CRC PHOENIX ART MUSEUM, CHENGDU

成都华润凤凰城艺术馆

项目业主：成都华润置业有限公司　　建设地点：四川 成都
用地面积：10 200平方米　　　　　　建筑面积：3 500平方米
设计时间：2006年　　　　　　　　　项目状态：建成
主创设计：李杰　　　　　　　　　　参与设计：徐鹏、华静、徐小康
获奖情况：2012年上海青年建筑师金创奖

CHONGQING LONGFOR XIAOYUAN
QINGCHENG HOLIDAY RESORT

重庆龙湖小院青城度假区

项目业主：成都龙湖地产发展有限公司
建设地点：重庆
建筑功能：度假别墅
用地面积：320 000平方米
建筑面积：160 000平方米
设计时间：2008年
项目状态：建成
主创设计：李杰
参与设计：徐小康、陈军、华静、沈七星
获奖情况：2010年尊享度假别墅大奖
　　　　　2012年中国建筑学会最佳居住社区设计建
　　　　　筑、规划双金奖

CHONGQING LONGFOR TIMES PARADISE WALK PHASE I

重庆龙湖时代天街一期

项目业主：重庆龙湖成恒地产开发有限公司
建设地点：重庆
建筑功能：商业综合体
用地面积：86 000平方米（一期）
建筑面积：392 576平方米（一期）
设计时间：2008年
项目状态：建成
主创设计：李杰
参与设计：吴军、薛羽、丁超、李文彬
获奖情况：2014年金盘奖成都赛区年度最佳商业综合体

李建华

生于1970年，籍贯天津，建筑学博士，现任重庆大学建筑城规学院副教授，硕士生导师。主持上书房建筑设计工作室，曾任中国建筑学会区划与防火委员会秘书长，主要研究方向：地域建筑设计。

教育经历
1989年—1993年　重庆建筑工程学院/建筑系/学士
1997年—2000年　重庆建筑大学/建筑城规学院/建筑学/硕士
2003年—2011年　重庆大学/建筑城规学院/博士

个人荣誉
1999年"20世纪城市住区"国际竞赛国际建筑师协会奖（UIA PRIZE）
2012年重庆大学优秀博士论文奖

主要设计作品
重庆洪崖洞片区更新及深化设计
重庆市第二中级人民法院办公楼扩建
广安中学及邓小平青少年纪念馆设计
重庆锦绣山庄在林居　荣获：2003年度中国优秀环境住宅设计综合金奖
达洲市人民广场（含达州市会展中心、达州市仿古商业街、五星级酒店、五星级
　　　　　办公楼、公寓楼及人民广场住宅）

专著
《西南聚落形态的文化学诠释》中国建筑工业出版社 2014

近年第一作者署名论文
1. 从民居到聚落：中国地域建筑文化研究新走向——以西南地区为例. 建筑学报, 2010(03).
2. 实证主义，抑或是物体诗学——维奥莱–勒–迪克的建筑理论及其研究方法. 新建筑, 2010(06).
3. 文化生态层级理论下的西南聚落形态——以大理喜洲聚落为例. 建筑学报, 2010(S1).
4. 高等学校步行道路安全设计案例研究. 建筑学报, 2009(S2).
5. 西南碉寨的空间立体防御体系及其聚落形态试析. 建筑学报, 2011(11).
6. 融入地域理论的教学尝试——以"度假酒店"毕业设计为例. 室内设计, 2012(04).

地址：重庆市沙坪坝区小新街99号立海大厦11FD1—D6
电话：023-65357788
传真：023-65357788
网址：www.sensvane.com
电子邮箱：372656624@qq.com

重庆上书房建筑设计顾问有限公司创建于2003年，其方案设计工作室由重庆大学建筑城规学院李建华副教授主持，上书房最初的源动力来自对设计创作的挚爱，对建筑梦想的执着，对文化理念的眷恋。

『上书房』既饱含着学院的书卷气，也蕴藏着文化的气度，平淡中兼收雅致。

『上书房』的设计感悟是地域文化视野下的：

建筑是妥协的艺术！

建筑是民族生活的仪式！

建筑永远是下一个更完美！

项目地处达州市城市拓展的新区——西外，北与先期完工的各政府行政办公楼群、市政北广场相对，80米城市休闲步行街纵贯地块。在这一较狭长的区域内合理布局市政广场、商业金融、休闲娱乐三大功能是本次规划的要点。

设计遵循整体和谐的原则，在城市宏观背景格局下，保留现状河道、视线廊道和城市中心轴线，通过研究场地周边与内部功能关系，依托城市设计的空间理念，确定了公共空间与各主要建筑单体的位置、功能与形态策略。会展中心作为轴线上的重要建筑，利用体量的围合提升市政广场中"场"的意识，其自身也以不确定性的建筑语言暗示了地域文化特征与城市发展动力。仿古商业街结合场地内的河道，融合达州传统建筑文脉，形成了小巧精致、尺度怡人的休闲购物空间。

DAZHOU PEOPLE'S SQUARE AREA DESIGN

达州市人民广场片区设计

项目业主：达州大昌实业有限公司
建筑功能：会展中心、仿古商业街、酒店、办公、住宅及公寓
用地面积：131 742平方米
设计时间：2008年
设计单位：重庆上书房建筑设计顾问有限公司、重庆建筑工程设计院有限公司
设计团队：李建华、刘昀、周伟强、李建柱、杨浦

建设地点：四川 达州
设计内容：修详、一期方案设计、一期施工图设计
建筑面积：344 301平方米
项目状态：一期建成

281

CHONGQING WUYI TECHNICAL SCHOOL CONCEPT PLANNING

重庆五一技校概念规划设计

项目业主：重庆五一高级技工学校　　　建设地点：重庆
建筑功能：教育建筑　　　　　　　　　设计内容：概念方案
用地面积：520 000平方米　　　　　　建筑面积：339 028平方米
设计时间：2014年03月　　　　　　　项目状态：方案
设计单位：重庆上书房建筑设计顾问有限公司、中国煤炭科工集团重庆设计研究院
设计团队：李建华、夏辉、刘剑英、曹立立、万俏

　　规划区域内地势起伏巨大，尊重场地的山地特征是本次概念规划的基本要求，因而建筑师提出了"五园共济，一脉山水"的设计理念。根据地形的特征按实训、教学、生活、运动、培训等功能将用地划分为五个片区；利用现状山水格局形成校园中心景观区，串联各大功能区，营造优美的学习环境，并注重为师生提供公共活动及交流的空间。同时方案巧妙利用场地的地形高差，合理组织交通流线，实现了理想的人车分流的校内交通组织。

　　相对于普通的校园类建筑，本方案在保证功能的同时，重点考虑建筑与地形的呼应，利用建筑随坡就势的空间形态来协调场地剧烈的高差变化，并且在此基础上形成了诸多功能不定的空间，增加了建筑的活跃度。

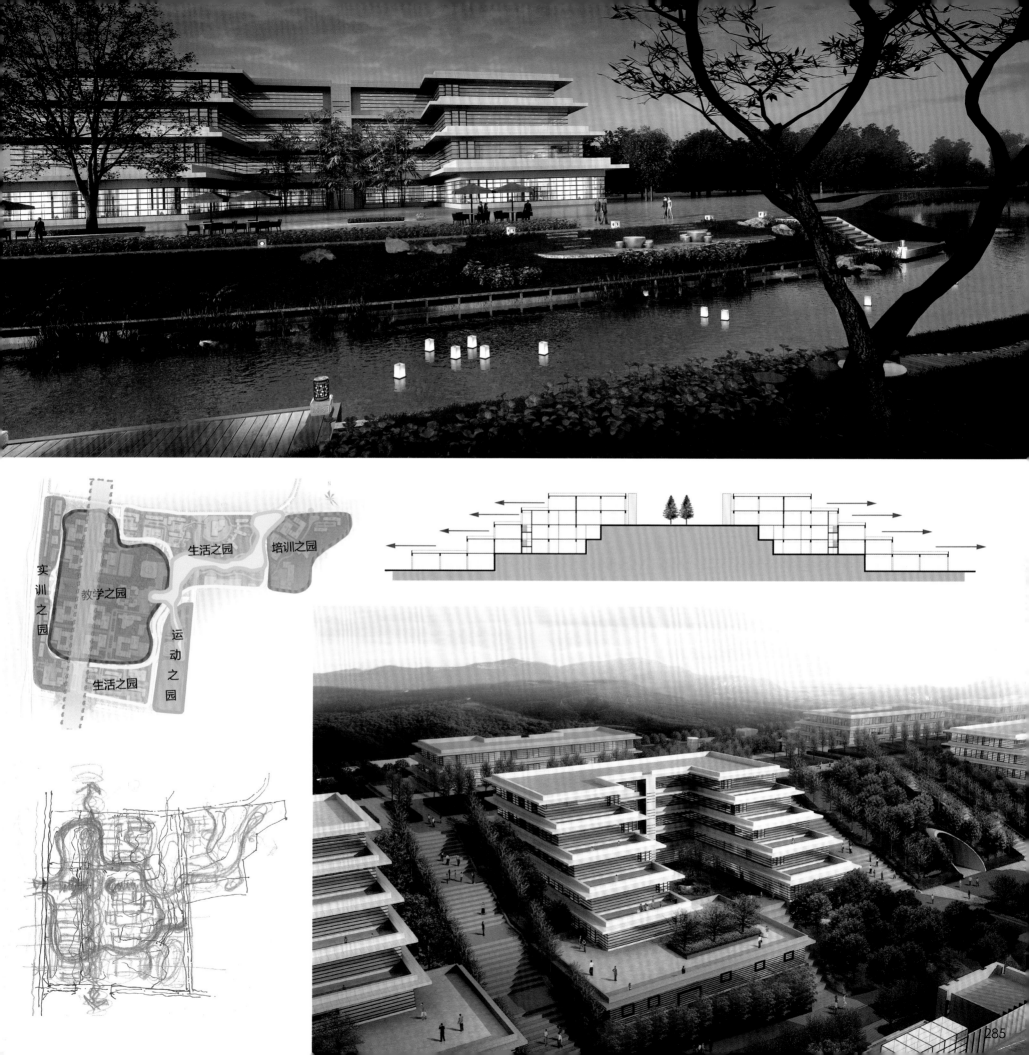

实训之园　教学之园　生活之园　培训之园　运动之园　生活之园

INTERNATIONAL DESIGN COMPETITION OF CHONGQING HONGYADONG COMMUNITY RENOVATION

重庆洪崖洞社区更新国际设计竞赛及深化

项目业主：国际建筑师协会　　　　　建设地点：重庆
建筑功能：商业、居住　　　　　　　设计内容：国际设计竞赛及深化设计
用地面积：23 700平方米　　　　　　建筑面积：25 369平方米
设计时间：1999年—2002年　　　　　项目状态：国际竞标方案
设计团队：李建华、王敏、唐紫安、詹林、李丽
深化团队：李建华、张庆顺、邓舸
获奖情况：国际建筑师协会第20届国际建筑师大会设计竞赛"Kundtadt Foundation"奖

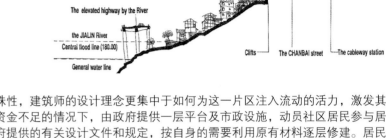

　　基于场地与社会背景的特殊性，建筑师的设计理念更集中于如何为这一片区注入流动的活力，激发其自我更新的能力。设想在政府资金不足的情况下，由政府提供一层平台及市政设施，动员社区居民参与居住环境的建设，即居民依据政府提供的有关设计文件和规定，按自身的需要利用原有材料逐层修建。居民可根据自身的需要灵活调整居住、商业及出租面积的比例。在力求保持原有邻里关系的同时，创造不同人群之间的新型交往空间。

　　特殊的山地地形决定了建筑必须与之相适应，在吸收重庆吊脚楼民居造型的基础上，利用踏步、坡道以及建筑物不同方向的出入口使之与地形有机结合，使场地中原有的城市肌理和空间与场所关系得以延续。

　　"安居"是对生活环境的提升，"乐业"是对就业问题的解决。建筑师的设计理念描绘的不仅是一片生活的乐土，更是一幅壮美的地域风景画。

A SHUDA · FLOWER DANCE WORLD TOURIST RECEPTION CENTER

阿署达·花舞人间游客接待中心

项目业主：四川新希望集团花舞人间实业有限公司
建设地点：四川 攀枝花
建筑功能：公建
设计内容：方案
用地面积：7 950平方米
建筑面积：5 796平方米
设计时间：2014年07月
项目状态：待建
设计单位：重庆上书房建筑设计顾问有限公司
设计团队：李建华、夏辉、李洁莹、赵朝印、邓凡

阿署达是西南高海拔的彝族聚居区，阳光明媚，但干旱少雨，地域文化特征极具特色。本方案以汇集自然景观和阳光的玻璃幕墙与天窗回应场地的环境与气候特征；以巨型伞状的钢筋混凝土构件作为建筑的主体结构收集雨水，使建筑具有生态可持续的特征；以独特的内部空间组织及更新的地方材料和做法呼应彝族传统的建筑文化。

建筑总体分两级跌落，力求合理协调各出入口与休息平台的关系，体块在三维空间的错动，不仅解决了场地的高差问题，同时又是功能分区的外部空间形态表象。

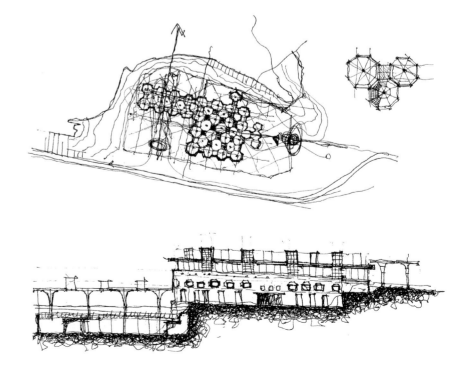

天作國際

美国天作 (TEAMZERO) 建筑规划设计集团
广州市天作建筑规划设计有限公司
TEAMZERO ARCHITECTURE DESIGN & URBAN PLANNING CO., LTD.

李少云

总经理、设计总监

同济大学建筑设计及其理论（城市设计方向）专业，华南理工大学建筑设计及其理论专业博士后、城乡规划专业教授级高级工程师、广州市天作建筑规划设计有限公司设计总监、广州市城市规划协会理事、国家一级注册建筑师、注册规划师。长期以来从事城市规划和建筑设计工作，共主持和参加完成了100余个城市规划与建筑设计项目，40次在国际及全国投标中中标，并获得全国、省级和市级优秀设计奖项40多项。迄今已在国内重要专业期刊上发表了学术论文20余篇，其中11篇发表在核心期刊，并于2005年10月在中国建工出版社出版个人专著《城市设计的本土化——以现代城市设计在中国的发展为例》。2007年获广州国际设计周"金羊奖"，2010年获南方传媒青年建筑师奖提名，2013年获第九届中国建筑学会青年建筑师奖。

长期以来进行建筑设计和城市设计研究，尤其关注中国城市和建筑的本土化问题，在理论研究方面有较系统性的成果，并将研究成果不断运用于建筑设计和城市设计实践。

地址：广州市珠江新城华夏路 28 号富力盈信大厦六层
电话：020-83840927
传真：020-83839072
邮编：510623
网址：www.teamzero.com.cn
电子邮箱：teamzero@21cn.net

天作，"虽由人作，宛自天开"，这是我们对作品的至高追求。

2002年，广州市天作建筑规划设计有限公司成立。十余年来，公司获得了业内的广泛认可，先后获得了建筑行业（建筑工程）设计甲级A144016197、城乡规划编制甲级［建］城规编（141222）、风景园林工程设计专项乙级A244016194 等三个专业设计资质。公司现有专业技术人员200多名，是一个国际化、综合化、专业化的精英团队。

公司依托国际国内两大技术支撑平台，联动规划、建筑、景观、市政四大专业，为政府与商业客户提供开发咨询、规划策划、建筑设计、景观设计、市政设计的一站式服务，项目足迹以华南地区为核心，辐射全国及海外，得到了业主和同行的广泛好评。

城市规划项目覆盖城市规划的所有层次和类型，既有面向规划管理的法定规划，也有以实施为导向的开发规划。坚持"以研究为基础、城市设计全过程、多专业整合"的思路，近年工作主要集中在城市发展战略、城市中心区、滨水地区、大型居住区、科学园区、创意园区、村庄规划、城市更新、旅游度假区等方面，获得了各级各类奖项40余个。

建筑设计坚持"现代建筑本土化，本土建筑现代化"的理念，积极实践绿色建筑等新技术，近年在居住区、大型商业中心、特色商业街、会议会展中心、五星级酒店、甲级写字楼、大学校园、体育场馆、博物馆、音乐厅领域积累了丰富的经验，大量优秀的作品已经建成交付使用，获得了20个国内外设计奖项。公司与地方政府及国内众多著名房地产企业都建立了长期良好的合作关系。

景观设计坚持规划、建筑、市政和景观一体化设计的理念，强调文化优先、生态优先和以人为本的原则，追求"国际视野下的本土情怀"，立足珠三角，辐射贵州、湖南、广西等泛珠三角地区以及全国各地。作品涵盖城市景观规划和广场、公园、滨水景观设计，擅长高端住宅和综合开发项目的多专业整合一体化景观设计和夜景灯光、水景、立体绿化等专业设计，在业界产生了较大的影响，并多次获得省、市设计奖项。

市政专业改变传统单以市政工程和设施为导向的理念，积极引入绿色、低碳、低冲击的概念，减少对自然的负面影响及业主的维护成本；充分考虑以人为本，在设计过程中尽可能减少临避性市政工程对人们生活的负面影响，与规划、建筑、景观等专业进行一体化设计、全程化设计。近年创新地完成了城市中心区地下空间市政规划、山地地区市政规划、风景旅游区市政规划等类型项目，获得了业内的好评。

MEIDI JUNLAN GOLF NEW DISTRICT, SHUNDE, GUANGDONG

广东省顺德美的君兰高尔夫新区

项目业主：佛山市顺德区威灵房产有限公司、广东美的置业有限公司
建设地点：广东 佛山
建筑面积：500 000方米
设计时间：2009年
项目状态：建成

THE NORTH-WEST VILLA CLUSTER OF GAOYAO ECO-PARK

高要生态园项目启动区西北组团别墅

项目业主：高要市亨昌实业投资有限公司
建设地点：广东 肇庆
建筑面积：53 883平方米
设计时间：2013年
项目状态：建成

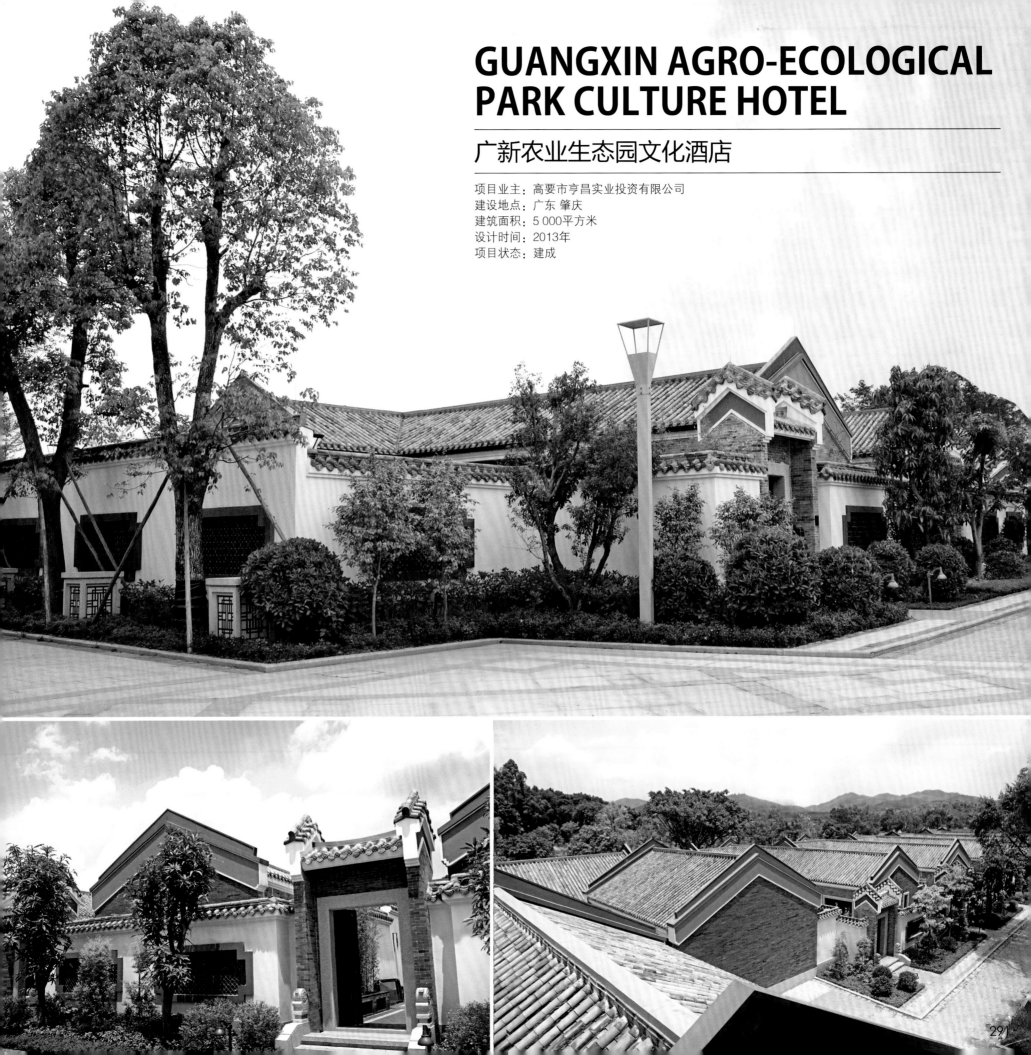

GUANGXIN AGRO-ECOLOGICAL PARK CULTURE HOTEL

广新农业生态园文化酒店

项目业主：高要市亨昌实业投资有限公司
建设地点：广东 肇庆
建筑面积：5 000平方米
设计时间：2013年
项目状态：建成

ZHUGUANG · THE ROYAL PARK

珠光 · 公园御景

项目业主：广州珠富房地产投资有限公司
建设地点：广东 广州
建筑面积：78 000平方米
设计时间：2012年
项目状态：建成

　　珠光·公园御景项目位于广州市天河区天府路9号。建筑基地南面与现状道路及远期规划道路比邻。本工程无论从平面设计还是竖向设计，始终贯彻"实用、经济、美观"的指导方针、以人为本的设计原则，在各个方面、各个环节严格把关；会同建设单位及有关部门对总平面、单体平面、立面进行了多次深化调整，务求精益求精。

KENGKOU METRO STATION URBAN COMPLEX, GUANGZHOU

广州坑口地铁站城市综合体

项目业主：广州市地下铁道总公司
建设地点：广东 广州
建筑面积：190 000平方米
设计时间：2011年
项目状态：国际方案竞赛中标，已实施

广州坑口地铁综合枢纽工程用地紧邻广州地铁一号线坑口站。由于设计涉及对运营中的坑口站进行改建，在综合考虑建筑间距要求、建筑密度、容积率等相关因素后，提出裙房与坑口站站台综合改建一体化设计，在保证不影响地铁的正常运营的前提下，对现有的坑口地铁站站台进行立面改造，扩展站厅可利用的商业空间。新建裙房以上布置南北两个塔楼，其中北塔为超高层公寓式办公楼，楼高为150米；南塔为L形板式高层，楼高120米。塔楼设计针对不同客户群体的使用功能要求，设有4.48米及3米两种层高。

方案重点突出地铁物业作为区域交通综合立体换乘的中心枢纽作用，通过建筑物裙房平面及交通功能的巧妙布局，满足该区过境及始发公交客流、城际穿梭巴士、出租车、地铁客流的立体换乘疏散以及商业人流、塔楼办公人流进出的综合要求。

ARCHITECTURAL DESIGN OF GUANGZHOU CITY POLYTECHNIC COLLEGE

广州职业技术院校迁建（广州城市职业学院）
工程建筑设计

项目业主：广州教育城建设指挥部办公室
建设地点：广东 广州
建筑面积：400 000平方米
设计时间：2013年
项目状态：全国投标中标

FUTURE ARK, GUIYANG, GUIZHOU

贵州省贵阳市未来方舟

项目业主：中天城投集团贵阳房地产开发有限公司
建设地点：贵州 贵阳
建筑面积：2 000 000平方米
设计时间：2011年
项目状态：建成

LANDSCAPE DESIGN OF HIGH-SPEED RAIL NORTH STATION SQUARE, GUIYANG

贵阳高铁北站西广场景观设计

项目业主：贵阳市规划局
建设地点：贵州 贵阳
规划面积：105 000平方米
设计时间：2014年
项目状态：实施中

ARCHITECTURAL DESIGN OF TIANLONG SQUARE, HEFEI

合肥政务新区天珑广场

项目业主：广州市骏誉投资有限公司
建设地点：安徽 合肥
建筑面积：456 800平方米
设计时间：2013年
项目状态：施工中